侦察卫星

决胜千里之外

周志鑫 等 著

科学出版社

北京

审图号：GS京（2023）1292号

内 容 简 介

侦察卫星是现代国防不可或缺的科技装备，因作用特殊、功能独特，在卫星家族中十分神秘，被称为卫星家族里的"皇冠"。它是获取战略情报、掌握目标变化、监视战场态势的主要手段，具有不受国界限制、侦察范围广等优点，受到世界主要大国特别是军事强国的高度重视。本书以科学视角，以通俗易懂的语言将侦察卫星这一复杂系统呈现给读者，生动讲述了侦察卫星的诞生和发展历程，描述了其分类、原理、应用及未来，揭开了蒙在侦察卫星上的神秘面纱，兼顾科学性和可读性，对提高国防意识、普及科学知识、弘扬科学精神有着重要的意义。

本书适合大众阅读，特别是适合广大青少年、部队官兵及航天爱好者阅读和参考。

图书在版编目（CIP）数据

侦察卫星：决胜千里之外 / 周志鑫等著. — 北京：科学出版社，2023.9

（国防科普大家小书）

ISBN 978-7-03 075978-8

I. ①侦… Ⅱ. ①周… Ⅲ. ①侦察卫星—普及读物　Ⅳ. ①V474.2-49

中国国家版本馆CIP数据核字（2023）第119616号

丛书策划：张　凡　侯俊琳
责任编辑：张　莉 / 责任校对：韩　杨
责任印制：师艳茹 / 封面设计：有道文化

科 学 出 版 社 出版
北京东黄城根北街 16 号
邮政编码：100717
http://www.sciencep.com
北京中科印刷有限公司 印刷
科学出版社发行　各地新华书店经销
*
2023年9月第　一　版　开本：720×1000　1/16
2023年9月第一次印刷　印张：11 1/2
字数：140 000

定价：58.00元

（如有印装质量问题，我社负责调换）

序 一

    侦察卫星是获取战略情报的重要手段，具有不受国界限制、侦察范围广的优势。世界主要大国特别是军事强国高度重视侦察卫星的研制建设和运用。20世纪50年代，美苏争霸，苏联于1957年10月4日成功发射了世界上第一颗人造地球卫星"斯普特尼克1号"（Sputnik-1），开启了人类利用太空的新纪元。美国首先将卫星应用于军事目的，于1960年8月18日成功发射了人类历史上第一颗侦察卫星"发现者14号"（Discovery-14），主要用于对全球，特别是对苏联和中国实施空间侦察。

    20世纪60年代，周恩来总理做出决策，我国人造卫星研制以应用卫星起步。在张爱萍、钱学森等领导下，第七机械工业部（简称七机部）开始返回式人造卫星的方案论证设计和技术攻关。我有幸负责了我国首颗返回式侦察卫星的研制工作，经过近十年刻苦攻关，我国于1975年首次成功发射返回式侦察卫星，成为继美国和苏联之后第三个拥有侦察卫星的国家。自此，中国具备了独立的战略侦察能力。经过几十年的发展，我国的侦察卫星水平已进入世界先进行列，为维护国家安全发挥了重要作用。

　　周志鑫院士长期从事空间遥感理论与应用研究，为提升我国卫星应用水平和国防建设做出了突出贡献。他和他的同事们发挥专业特长，以通俗易懂的语言将侦察卫星这一复杂的高技术系统呈现给读者，为我国广大青少年和航天爱好者了解侦察卫星提供了科普读物。我衷心希望广大青少年和航天爱好者通过阅读本书，能增加对侦察卫星的了解，激发航天热情，投身航天事业，为建设航天强国做出贡献。

中国科学院院士

"两弹一星"元勋

国家最高科学技术奖获得者

中国首颗返回式侦察卫星总设计师

2023 年 1 月于北京

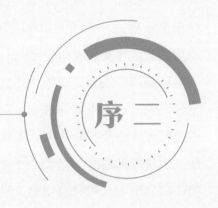

序二

  侦察卫星因其作用特殊、功能独特，在卫星家族中十分神秘。因系统复杂、性能先进，它又被称为卫星家族里的"皇冠"。侦察卫星是获取战略情报、掌握目标变化、监视战场态势的主要手段，具有不受国界限制、侦察范围广等优点，受到世界主要大国特别是军事强国的高度重视。

  美国和苏联在相继成功发射返回式侦察卫星后，又陆续成功发射传输型侦察卫星。传输型侦察卫星具有近实时获取情报、在轨工作时间长等优势，目前除俄罗斯外，世界主要大国均主要发展传输型侦察卫星。20世纪90年代，美国可见光传输型侦察卫星的最高分辨率已达到0.1米。

  侦察卫星工程是复杂巨系统，传输型侦察卫星的研制水平是一个国家综合国力、科技实力和军事能力的综合体现。我国于1975年首次成功发射返回式侦察卫星，成为继美国和苏联之后第三个拥有侦察卫星的国家。在此基础上，我国又开始了传输型侦察卫星的研制建设。我有幸担任了我国第一代传输型侦察卫星系列的总设计师，带领团队经十余年攻关，我国于 2000 年成功发射首颗传输型可见光成像侦察卫星。该星的发射成功和应用，标志着我国卫星侦察能力跃上新台阶，卫星研制建设进入新阶段。经过几十年的快速发展，我国传输型侦察卫星性能已达到世界先进水平，传输型侦察卫星为维护国家安全、促进国民经济建设、带动科学技术水平进步发挥了重要作用。

我和周志鑫院士结识二十余年，他长期从事卫星应用技术研究，担任高分辨率空间对地观测卫星、海洋监视卫星系统运控和应用总设计师，为提升我国卫星应用水平、为国防建设做出了突出贡献。他和他的同事们充分发挥专业特长，以科学视角，运用通俗易懂的语言将侦察卫星这一复杂系统呈现给读者，揭开了蒙在侦察卫星上的神秘面纱，为我国广大青少年和广大部队官兵了解侦察卫星提供了科普读物。我衷心希望广大青少年和航天爱好者通过阅读本书，能够了解侦察卫星，激发航天热情，热爱科学事业，为建设航天强国贡献力量。

中国科学院院士

中国第一代传输型侦察卫星系列总设计师

"人民科学家"国家荣誉称号获得者

2023 年 1 月于北京

前言

　　侦察卫星，又称间谍卫星，因系统复杂、性能先进，被称为卫星家族里的"皇冠"。侦察卫星是获取有关国家战略意图和军事能力、掌握目标变化、监视战场态势的主要手段，具有不受国界限制、侦察范围广等优点，受到世界主要大国特别是军事强国的高度重视。

　　1957 年 10 月 4 日，苏联成功发射了世界上第一颗人造地球卫星"斯普特尼克 1 号"。自此，人类开启了太空时代，迈出了探索浩瀚宇宙、实现太空梦想的第一步。人类发展史上最先进的科学技术往往首先应用于军事领域，航天领域同样如此。自第一颗人造地球卫星发射至今，人类发射的各类航天器中有 60% 以上用于军事目的。1960 年 8 月 18 日，美国发射了人类历史上第一颗侦察卫星"发现者 14 号"，主要用于对苏联和中国实施空间侦察。苏联于 1962 年发射了"宇宙号"（Космос）侦察卫星，主要用于对美国和加拿大进行空间侦察。1975 年 11 月，我国发射了自主研制的首颗侦察卫星，使我国成为世界上第三个掌握侦察卫星技术的国家。自 1960 年至今，人类共发射了 3000 余颗各类侦察卫星，约占人类发射航天器数量的 40%。侦察卫星日夜监视着地球的任何角落，不仅提供了约 70% 的战略情报，而且广泛应用于非军事领域，如获取非军事设施的活动与状态、自然资源分布、气象、海洋、水文等资料，服务农业、林业、国土规划、智慧城市和抢险救灾等领域。

侦察卫星工程是一个复杂的系统，其研制、应用和发射一般包括卫星、运载、测控、运控、应用和发射场六大系统。其中，卫星系统装载各类传感器在轨道上运行，获取侦察数据并传送到地面。运载系统利用大推力火箭将卫星从地面送入太空预定轨道。测控系统测量火箭发射卫星过程中及卫星入轨后的各种工作参数、轨道参数，监测卫星运行状态。运控系统编制指令，控制卫星运行，实施侦察任务，并接收卫星下传数据。应用和发射场系统即应用系统与发射场系统，应用系统对卫星下传数据编目存档，进行高精度数据处理，对传感器进行标校，对获取图像和信号进行解译分析，形成情报并分发至用户；发射场系统主要为运载火箭和卫星提供发射测控保障，实施发射任务，目前我国建有中国酒泉卫星发射中心、太原卫星发射中心、西昌卫星发射中心和中国文昌航天发射场四个发射场。

按照装载传感器的不同，侦察卫星可分为光学成像侦察卫星、微波成像侦察卫星、电子侦察卫星、信号侦察卫星和综合型侦察卫星。其中，光学成像侦察卫星包括可见光、红外和高光谱成像侦察卫星，这类卫星无法在云雾天气下工作，可见光成像卫星在夜间亦不能工作。目前美国的"锁眼 12"（KeyHole-12）卫星是世界上侦察性能最先进的光学成像侦察卫星，分辨率达到 0.1 米。微波成像侦察卫星主要装载合成孔径雷达设备，这类卫星的优点是可全天候全天时工作，目前美国的"长曲棍球"（Lacrosse）卫星是世界上性能最先进的合成孔径雷达成像侦察卫星，分辨率优于 0.1 米。电子侦察卫星和信号侦察卫星主要装载高灵敏度接收机，可接收雷达、通信、导航和测控信号，美国的"顾问"（Mentor）卫星、"入侵者"（Intruder）卫星是当今世界上最先进的电子侦察卫星和信号侦察卫星。综合型侦察卫星装载有多类传感器，可同时获取目标的光学和微波特性，美国的"8X"增强型光学成像系统卫星就是综合型侦察卫星的典型代表。按照用途的不同，侦察卫星又可分为导弹预警卫星和海洋监视卫星。其中，导弹预警卫星通过装载的红外探测载荷获取导弹发射产生的尾焰特性，可获取导弹发射地点，预测导弹射向，实现对导弹发射预警，目前美国在轨的导弹预警卫星系统主要有："国防支援计划"（Defense Support Program，DSP）、"天基红外系统"（Space-based Infrared System，SBIRS）和"空间跟踪与监视系统"（Space Tracking and Surveillance System，STSS）等；海洋监视卫星利用卫星装载的性能先进的信号接收机接收来自航母和水面舰艇的雷达、通信与导航信号，对航母等海上移动目标进行定位，实施跟踪监视，目前美国在轨的海洋监视卫星是第三代"白云"（又称联合天基广域监视系统，SBWASS-Consolidated）。

　　侦察卫星研制水平是一个国家综合国力、科技实力和军事能力的体现。我国是世界上第三个掌握侦察卫星技术的国家，经过几十年的快速发展，我国侦察卫星性能已达到世界先进水平，在维护国家安全、促进国民经济建设、带动科学技术水平进步等方面发挥了重要作用。

　　本书力求以专业视角，以通俗易懂的语言将侦察卫星这一复杂的高技术系统呈现给读者。全书共五章。第一章讲述侦察卫星的发展史和世界主要大国侦察卫星的发展概况，第二章简述侦察卫星家族的分类，第三章描述侦察卫星的组成，第四章阐述侦察卫星的典型作战应用，第五章介绍侦察卫星技术的发展趋势。附录部分介绍了目前世界各国和地区的在轨侦察卫星以及相关专业术语。

　　本书可作为青少年、部队官兵及广大航天爱好者的科普读物。衷心希望广大读者通过阅读本书，能够了解侦察卫星，激发航天热情，热爱科学，为强国梦、强军梦做出贡献。

参加本书编写的有周志鑫教授、余晓刚研究员、李幼平研究员、刘铁成研究员、刘锋研究员、韩涛研究员、王登林副研究员、徐海源副研究员、赵乾博士、李伊涵助理研究员等，周志鑫教授负责全书的策划和统稿工作。在本书编写过程中，得到科学出版社侯俊琳老师、张莉老师的倾心指导，得到中央军委科学技术委员会和科学出版社的鼎力支持与帮助。我国首颗返回式侦察卫星总设计师孙家栋院士、我国第一代传输型侦察卫星系列总设计师叶培建院士分别为本书作序，并给予大力指导，在此一并表示感谢！

中国科学院院士 周志鑫

2023 年 1 月于北京

目录

第一章

前世今生

你在一个清朗的夏夜，望着繁密的闪闪群星，有一种可望而不可即的失望吧。我们真的如此可怜吗？不，决不！我们必须征服宇宙！

——钱学森

国家体育场卫星影像图

今天，人造地球卫星对我们来说已经不再陌生，但有一种卫星却始终蒙着一层神秘的面纱，它就是侦察卫星。它诞生于美苏冷战时期，对世界的科技、军事和外交发展有着重要影响，许多重大事件的发生背后都有它的影子。让我们首先一起来了解一下侦察卫星的前世今生。

一、冲出大气层

（一）坠落的 U-2

1960 年五一国际劳动节当天，莫斯科红场人头攒动，一场盛大的阅兵仪式即将在这里举行。清晨 6 点，一架侦察机从巴基斯坦白沙瓦附近的一处美国空军基地起飞，准备越过边境向苏联腹地飞行。这就是有着"黑寡妇"之称的 U-2 高空侦察机（图 1-1，以下简称 U-2），它通体漆黑，机身纤细，机翼修长，外形别具一格，飞行高度可超过 24 000 米，是美国为了获取苏联导弹、核武器、舰艇等武器发展和部署有关情报而专门研制的侦察机。

执行此次侦察任务的老牌飞行员弗朗西斯·加里·鲍尔斯（Francis Gary Powers）上尉轻车熟路，此前他已驾驶 U-2 对苏联进行过多次侦察。由于该型号侦察机的飞行高度远超同时期苏联战斗机的攻击范围，因而鲍尔斯每次都能在完成侦察任务后驾机全身而退。

然而，就在起飞后不久，鲍尔斯驾驶的 U-2 却被苏联的雷达捕获，消息很快就报告给了苏联领导人尼基塔·谢尔盖耶维奇·赫鲁晓夫（Nikita Sergeyevich Khrushchev），他认为在五一阅兵期间发生这样的事，对苏联来说简直是一种奇耻大辱，遂当即下令务必击落 U-2。

多次拦截失败之后，苏联防空部队总结了经验教训，他们预判了 U-2 可能的飞行路线，并精心布置了一个陷阱。当 U-2 经过斯维尔德洛夫斯克地区上空时，三枚"萨姆 -2"（SAM-2）防空导弹瞬间腾空而起，其中一枚在 21 500 米的高空将其击中。损毁的 U-2 随即螺旋式下坠，驾驶舱里的鲍尔斯弹射逃生，但很快就在一个农场被捕，美国对苏联进行侦察的事实由此败露。该事件直接导致美苏外交关系陷入危机，美国不得不终止了 U-2 对苏联的侦察活动。

图 1-1　U-2 高空侦察机

　　实际上，在 U-2 被击落之前，美国政府就已经知道 U-2 经常被苏联防空雷达跟踪，但凭借出众的飞行高度，它每次都能全身而退。但是，"常在河边走，哪能不湿鞋"，美国总统艾森豪威尔（Eisenhower）预感到，再这样下去，U-2 终有一天会被击落，他希望找到一种更稳妥、更有效的情报获取途径。

　　当时的美国和苏联已经发射了试验任务性质的卫星，如果能将侦察相机放在大气层外的卫星上，就可以从太空俯视苏联。美国希望研制出一种比 U-2 飞得更高、侦察效率更高的武器——侦察卫星。

（二）太空竞赛

说到侦察卫星，就不得不提到 20 世纪的一场军备竞赛。

冷战初期，对全世界来说，太空都是一个既新鲜又陌生的领域，美苏两国把这里当成新的竞技场，展开了激烈的太空竞赛。美苏两国发展太空技术的目的已经超越了军事和科技本身，甚至成为证明其社会和政治制度优越性的手段。两国的太空竞赛贯穿冷战的全过程，深刻地影响了世界格局的变化。

苏联方面，赫鲁晓夫执政后，亟须研制能将氢弹投送至 8000 千米之外的运载火箭，以确保能够有效威慑美国。此时，一个神秘人物从一家监狱工厂中被提前释放，并临危受命担任火箭总设计师，他就是才华横溢、被后人称为"苏联运载火箭之父"的谢尔盖·帕夫洛维奇·科罗廖夫（Sergei Pavlovich Korolev）。科罗廖夫始终有一个太空梦，却不幸在苏联"肃反"运动期间受牵连而入狱六年，此次赫鲁晓夫重用科罗廖夫，再次点燃了他心中的梦想之火。他一边研制火箭，一边探究如何造出人造地球卫星。然而，由于他提出的卫星研制方案缺少实用功能，卫星工程受到了苏联军方的极力反对，科罗廖夫的梦想迟迟无法付诸实现。不过，这并没有耽误他制造火箭，他始终坚信，只要能完成赫鲁晓夫交代的任务，造卫星的事情终有一天会有转机。

1956 年，R-7 洲际弹道导弹的研制取得突破性进展，赫鲁晓夫参观后非常高兴，科罗廖夫趁机向他介绍了自己的卫星研制计划。他还告诉赫鲁晓夫，在 R-7 洲际弹道导弹的基础上，只需要将弹头换成卫星，就能很快实现卫星的发射，这一举措将帮助苏联在该领域超越美国，并最终为发射侦察卫星奠定基础。得到赫鲁晓夫的认可后，为了抢在美国前面发射人类历史上第一颗人造地球卫星，科罗廖夫快马加鞭，甚至简化了卫星设计方案，以抢得先机，争取苏联在这个领域夺取人类航天史上"第一"的位置。科罗廖夫坚定地认为，这个"第一"关乎苏联的国家地位以及赫鲁晓夫的个人声誉。

斯普特尼克 1 号

1957 年 10 月 4 日，世界上第一颗人造地球卫星"斯普特尼克 1 号"升空飞行，其成功发射宣告了人类航天时代的到来。它在轨运行了 92 天，绕地球飞行约 1400 圈，运转了 6000 万千米，最终于 1958 年 1 月 4 日完成了自己的使命，脱离轨道坠入大气层烧毁。

1957 年 10 月 4 日，在人造地球卫星研制计划得到批准仅仅一年后，一枚 R-7 火箭搭载着世界上第一颗人造地球卫星"斯普特尼克 1 号"成功升空。

这颗卫星是一个直径为 58 厘米、重约 83.6 千克的球体，虽然今天看来这颗卫星的功能过于简单，但毫无疑问，它的面世和成功发射是人类航天史上的里程碑事件，也为苏联迎来了"世界第一"的高光时刻。这一事件在西方国家特别是在美国引起了爆炸性的反响，从政府官员到普通民众都在密切关注着苏联这颗卫星的一举一动。

显然，艾森豪威尔政府感受到了来自苏联的压力，这也更加坚定了美国大力发展航天技术的决心。1958 年 1 月 31 日，美国终于成功发射了自己的第一颗人造地球卫星"探索者 1 号"（Explore 1）。

（三）进军太空

虽然美苏两国两颗人造地球卫星的研制和发射是人类航天史上的重大突破，但是这两颗卫星并没有太多实用价值。实际上，在各自研制第一颗人造地球卫星的同时，美苏两国都制定了侦察卫星的研制计划，并不约而同地选择光学成像侦察卫星作为研制对象。

早在 1954 年，美国空军任命伯纳德·施里弗（Bernard Schriever）将军负责代号为"武器系统 117L"的侦察卫星研制工作。按照当时的设想，这颗卫星将由相机成像并冲洗成相片，再将相片扫描转换为电信号后通过无线电传送回地面。这是一种先进的技术路线，但受限于当时的科技水平，项目推进非常困难。

1956 年，美国兰德（RAND）公司独辟蹊径，提出了回收侦察卫星照片的方案，这个方案可以避开图像信号转换与传输方面的技术难题，但却面临一个巨大挑战，即如何避免回收舱高速返回过程中与大气剧烈摩擦导致被烧毁。尽管这种返回技术阻力重重，但一旦取得突破，很快就能研制出侦察卫星。因此，美国兰德公司建议首先发展返回式侦察卫星，方案一经提出就得到美国国防部（Department of Defense，DOD）和美国中央情报局（Central Intelligence Agency，CIA）的认可。艾森豪威尔总统授权中央情报局负责该侦察卫星项目，由空军协助其实施。该项目被命名为"科罗纳"，卫星代号为"发现者"（Discovery）。

艾森豪威尔总统迫切希望"科罗纳"卫星能替代 U-2，尽快获取与苏联导弹存在差距的真相。但是，首颗返回式侦察卫星可谓命运多舛，从"发现者 1 号"（Discovery-1）一直到"发现者 12 号"（Discovery-12），均以失败而告终。经历了一次次的失败之后，转机终于出现："发现者 13 号"（Discovery-13）从美国范登堡空军基地发射升空，虽然回收舱没有落在指定海域，但随后执行回收任务的海军舰船还是在附近海域完成了回收任务。这次回收试验的成功，让美国重拾信心，迫不及待地计划再次发射并执行侦察任务。

1960 年 8 月 18 日，美国终于将人类历史上第一颗侦察卫星——"发现者 14 号"成功送入太空并执行了首次侦察任务。这颗卫星在绕地球飞行 17 圈后，载有胶片的回收舱按预定计划降落到夏威夷西北的海面。返回舱被迅速送到伊士曼柯达公司（Eastman Kodak Company，简称柯达公司），技术人员对卫星相机胶片进行了冲洗，照片清晰地显示了美国梦寐以求的苏联国土纵深范围内的军事基地影像。"科罗纳"侦察卫星计划终获成功。

从此，飞行在太空中的人造卫星中多了一种用于搜集情报的侦察卫星，它改变了传统的情报搜集方式，对国际军事、政治等产生了重大影响。

二、太空"马拉松"

美国和苏联站在了太空竞赛的起跑线上，没想到这场争夺"第一"的短跑竞赛竟变成了长达几十年的马拉松比赛。

（一）"宇宙号"系列家族

截至 1962 年，苏联已成功发射了 4 颗人造地球卫星，继而宣布要发射一颗代号为"宇宙 1 号"（Космос-1）的卫星，对外宣称这颗卫星的任务是探测电离层带电粒子、地球磁场等物理现象。自此，苏联拉开了大规模发射"宇宙号"人造地球卫星的序幕。或许连苏联人自己都没有想到，后来以"宇宙"系列命名并发射的各类卫星竟达两千多颗。

实际上，在成功发射第一颗人造地球卫星之前，苏联就已经启动了侦察卫星的研制计划。1957 年 4 月 12 日，科罗廖夫向苏联当局提交了一封信，信中说他们正在对一种光学成像侦察卫星的可行性进行初步研究。1960 年 8 月 20 日，苏联"东方号"（Vostok）试验飞船完成了搭载两只小狗太空舱的回收试验，这次试验为苏联成像侦察卫星回收舱返回技术奠定了技术基础。

1962 年 4 月 26 日，"宇宙 4 号"（Космос-4）卫星发射升空，这颗卫星实际上是"天顶 2 号"（Zenit-2）侦察卫星。虽然它顺利进入太空并在 3 天后回收了胶片，却因为卫星姿态控制（以下简称姿控）问题导致搭载的相机未能达到预期的成像效果。3 个月后，苏联再次发射一颗"天顶 2 号"侦察卫星，并最终获取了令人满意的图像，至此，苏联的侦察卫星研制计划大获成功。

为进一步延长卫星在轨工作时间，并提高获取侦察情报的时效性，以"联盟号"（Soyuz）载人飞船为基础，苏联研制了新型光学成像侦察卫星"琥珀"（Yantar）（图 1-2）。

此后，基于"琥珀"卫星平台技术，苏联继续发展了Yantar-4K2［该型卫星亦称"钴"（Kobalt）］和 Yantar-4K2M［该型卫星亦称钴-M（Kobalt-M）］高分辨率成像侦察卫星、彗星（Yantar-1KFT）返回式测绘卫星，以及长寿命"蔷薇辉石-1"（Orlets-1）和"蔷薇辉石-2"（Orlets-2）返回式成像侦察卫星等。自 1974 年发射成功后，"琥珀"系列光学成像侦察卫星在军事侦察和测绘方面发挥着十分重要的作用。

为了在茫茫大海上发现和跟踪海上舰船目标，苏联又

图 1-2 "琥珀"卫星结构图

发展了海洋监视卫星。与侦察陆地固定目标不同，海洋监视卫星需要具有在较大范围内采用主动或被动的探测方式发现舰船的能力。1967年，苏联发射了雷达型海洋监视卫星，可以采用雷达探测方式主动搜索海上舰船目标。1974年，苏联又发射了电子型海洋监视卫星，采用无线电干涉仪探测舰船目标的无线电信号。两类卫星配合使用，可以密切监视茫茫大海上舰船的相关活动情况。

此外，从20世纪60年代开始，苏联就着手电子侦察卫星的研制。1967年10月，苏联成功发射"处女地"（Tselina）电子侦察卫星。截至苏联解体前共发展了两代，其中，第二代"处女地"电子侦察卫星一直被俄罗斯沿用至2007年。出于保密考虑，通常苏联（俄罗斯）并不会公布侦察卫星的名称、任务和性质，甚至有时连卫星的序号也不公开，其对外公布的卫星名称为"宇宙号"，只会在每年年终公布发射的卫星总数，最多再附加一句"星上仪器工作正常"，除此之外再无其他内容，由此更增加了其神秘程度。1985年6月，苏联国防部部长谢尔盖·列昂尼德维奇·索科洛夫（Sergei Leonidovich Sokolov）向西方国家媒体记者透露，"宇宙号"系列卫星其实包括成像侦察卫星、海洋监视卫星、电子侦察卫星等，这些侦察卫星就混编在"宇宙号"卫星中。

在强大国家机器的支持下，苏联在20世纪80年代的高峰时期每年发射侦察卫星达30多颗。火箭发射场那惊天动地的轰鸣声、刺破苍穹的火光，似乎在不断向世人展示着苏联强大的太空实力。然而，与美国常年在太空等领域不遗余力地开展军备竞赛严重透支了苏联的国力，再加上虚弱的经济、错误的政治路线等诸多因素，最终导致了苏联的解体。1991年12月25日，苏联国旗从克里姆林宫上空缓缓降下，一个时代就这样静静地画上了句号。

（二）沉重的接力棒

　　苏联解体后，俄罗斯接过了苏联在太空领域的接力棒，不但继承了大部分卫星型号、技术路线，甚至在卫星的命名方面也延续了"宇宙号"这一名称与编号序列。但是，动荡的时局与混乱的经济严重削弱了俄罗斯的太空力量，与苏联鼎盛时期相比，俄罗斯发射的侦察卫星数量骤减，甚至一度出现没有成像侦察卫星在轨运行的局面。虽然困难重重，但面对复杂的安全形势，俄罗斯却不得不继续在发展侦察卫星的道路上艰难前行。

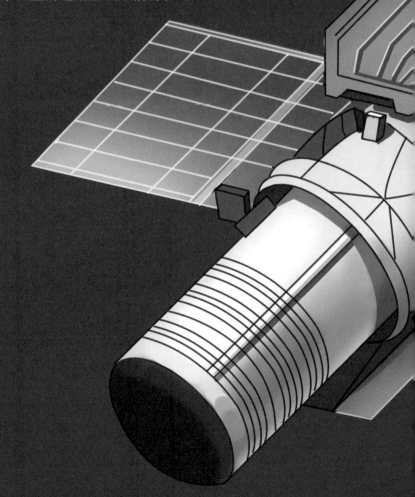

为了提高情报获取的时效性，俄罗斯发射了"阿拉克斯"（Araks）（图 1-3）和"角色"（Persona）等传输型光学成像侦察卫星。"阿拉克斯"和"角色"卫星项目可追溯至苏联时期。

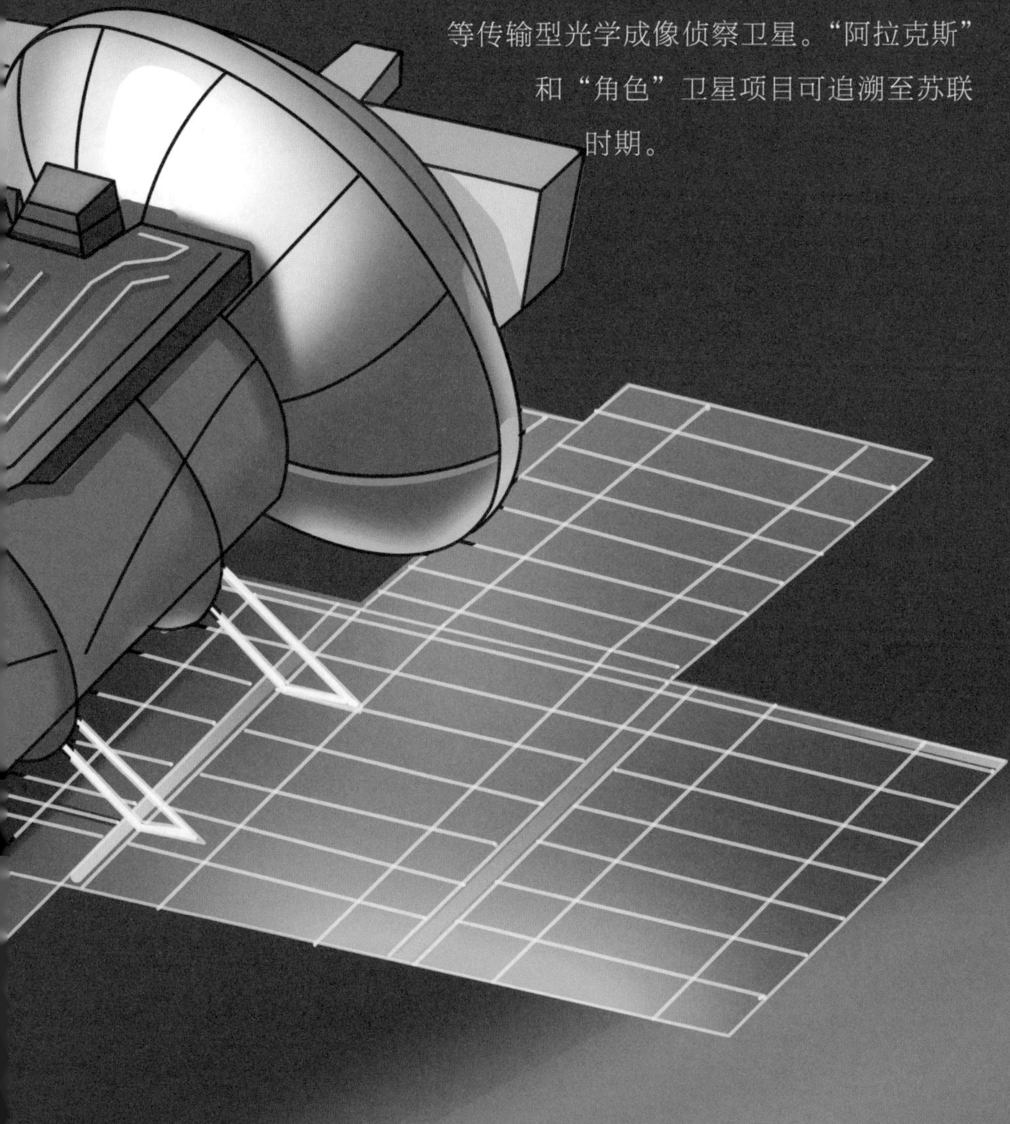

图 1-3 "阿拉克斯"卫星

　　1983 年 6 月，苏联决定开展"阿拉克斯"卫星的研制。但直到 1997 年 6 月，才由俄罗斯发射首颗"阿拉克斯"卫星，运行仅仅 3 个月后，这颗卫星就失效了。时隔 5 年后，俄罗斯又发射了第二颗"阿拉克斯"卫星，但运行不到一年也发生了故障。至此，长达约 20 年的"阿拉克斯"卫星计划终止。从卫星的计划执行情况和实际应用效果来看，"阿拉克斯"卫星并没有形成俄罗斯期望的侦察能力。

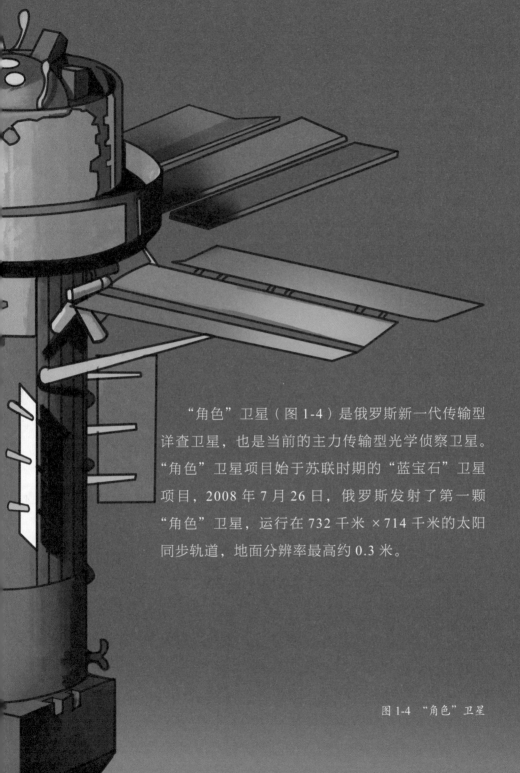

　　"角色"卫星（图 1-4）是俄罗斯新一代传输型详查卫星，也是当前的主力传输型光学侦察卫星。"角色"卫星项目始于苏联时期的"蓝宝石"卫星项目，2008 年 7 月 26 日，俄罗斯发射了第一颗"角色"卫星，运行在 732 千米 × 714 千米的太阳同步轨道，地面分辨率最高约 0.3 米。

图 1-4　"角色"卫星

为了提高全天时、全天候情况下的目标侦察能力，俄罗斯于1997年着手研制"秃鹰"（Kondor）雷达成像侦察卫星（图1-5）。原计划于2004～2006年发射第一颗"秃鹰"卫星，但因计划执行和经费等原因拖延至2013年6月27日才发射。由于该项目的研制经费被迫削减，俄罗斯不得不通过出口的方式维持该卫星项目的运行经费需要。出口型卫星被命名为"秃鹰-E"，南非政府采购了该型卫星，并于2014年12月19日发射。

图1-5 "秃鹰"卫星

"秃鹰"卫星

　　"秃鹰"卫星由俄罗斯机械制造科研生产力联合体研制，重约 1150 千克，运行在高约 500 千米的极轨道上，采用S频段抛物面天线，具有聚束、条带、扫描 3 种合成孔径雷达（synthetic aperture radar，SAR）成像模式，可实现对卫星两侧成像，视场范围为每侧 500 千米。

"莲花"（Lotos）卫星是俄罗斯现役的新型电子侦察卫星，用于接替苏联时期研制的"处女地"电子侦察卫星。第一颗卫星"莲花–S"（Lotos-S）于2009年11月发射，至今已陆续发射了4颗"莲花–S"卫星和1颗"莲花–S1"（Lotos-S1）卫星。2021年，俄罗斯又发射了具有电子侦察和雷达成像综合侦察能力的新型"芍药–NKS"（Pion-NKS）卫星，"莲花"卫星与"芍药–NKS"卫星组合，构建了"藤蔓"空间监视与目标指示系统，该系统可为武器系统提供高精度、高时效性舰船等目标指示信息。

近年来，俄罗斯实施了一系列航天发展计划，推进侦察卫星系统的升级换代。2013年，俄罗斯发布了《2030年前及未来俄罗斯航天活动发展战略》，制定了振兴俄罗斯航天产业、保持俄罗斯世界航天领域强国地位的发展目标。在经济衰退、人才流失等 系列困难面前，可见俄罗斯发展航天技术的雄心依旧不减。

（三）从"大鸟"到"巨无霸"

"斯普特尼克1号"的成功发射带给美国的冲击是极其震撼的。事实上，当时的美国总统艾森豪威尔在制定太空政策的初期，的确把超过苏联作为发展太空技术的首要目标。但是，在经历了短暂的盲从之后，艾森豪威尔政府坚持在发展太空项目时，不以争夺无意义的"第一"为目标，而是选择理性发展太空项目、促进科技发展的道路。从美国后续发射的卫星来看，其总体技术水平超越了苏联。反观苏联，因为制定的政策过于急躁，很多项目都是以盲目争夺"第一"和"政治献礼"为目的，导致后续包括卫星在内的太空技术积累严重不足。

20世纪60年代末期，美国洛克希德公司〔Lockheed Corporation，后更名为洛克希德·马丁空间系统公司（Lockheed Martin Space

Systems Company，LMT）〕研制了新一代光学侦察卫星，代号"467 计划"，非正式名称为"大鸟"（Big Bird）（图 1-6）。该卫星长 15 米，直径为 3 米，重达 11.34 吨，装有两台光学相机，带有 6 个可回收的胶卷舱，可以按照指令将胶卷送回地面。第一颗"大鸟"卫星于 1971 年 6 月 15 日成功发射。

目前，"锁眼 -12"是美国的主力光学成像侦察卫星，搭载了多光谱成像相机等有效载荷，单颗卫星的成本高达近 10 亿美元，卫星高约 15 米，直径约 4.5 米，整星重达 16 ～ 20 吨，是侦

> ### "锁眼 -12"光学成像侦察卫星
>
> "锁眼 -12"光学成像侦察卫星携带了大口径光学 CCD 相机（又称电荷耦合器件摄像机），地面像元分辨率高达 0.1 米，采用大型 CCD 多光谱线阵器件和凝视成像技术，在获得高分辨率的同时还拥有多光谱成像能力。此外，"锁眼 -12"光学成像侦察卫星增装了红外成像仪，改善了夜间成像能力，可提供分辨率 0.6 ～ 1 米的红外图像。

察卫星界当之无愧的"巨无霸"。该卫星采用先进的自适应光学成像技术，通过自主调整光学成像系统透镜参数，补偿由大气产生的畸变，分辨率高达 0.1 米，但幅宽较窄，仅有 7 千米。

（四）一骑绝尘

自"发现者 14 号"卫星成功发射后，在长达半个多世纪的时间里，美国陆续发射了光学侦察、雷达侦察、电子信号侦察、海洋监视，以及导弹预警等多类型侦察卫星，构建了完备的侦察卫星体系，并在多次局部战争与战术行动中发挥了巨大作用，成为世界侦察卫

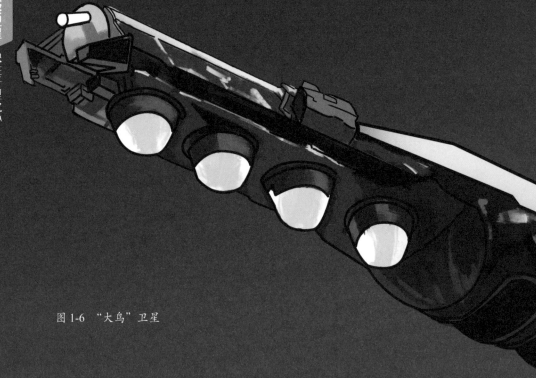

图 1-6 "大鸟"卫星

星领域的领航者。

　　美国现役的光学成像侦察卫星主要是"锁眼"系列，代号 KH（KeyHole）。"锁眼"卫星在具备先进的光学成像侦察能力的同时，还兼顾了空间对抗实战性能。

　　光学侦察卫星易受不良气象条件和光照条件的影响，如何克服这些影响，为情报部门和战场指挥者提供全天时、全天候的侦察图像，对侦察卫星的研制提出了更高要求。

　　20 世纪 70 年代，随着合成孔径雷达成像技术的日渐成熟，美国开始着手研制合成孔径雷达卫星。1978 年 6 月 27 日，美国国家

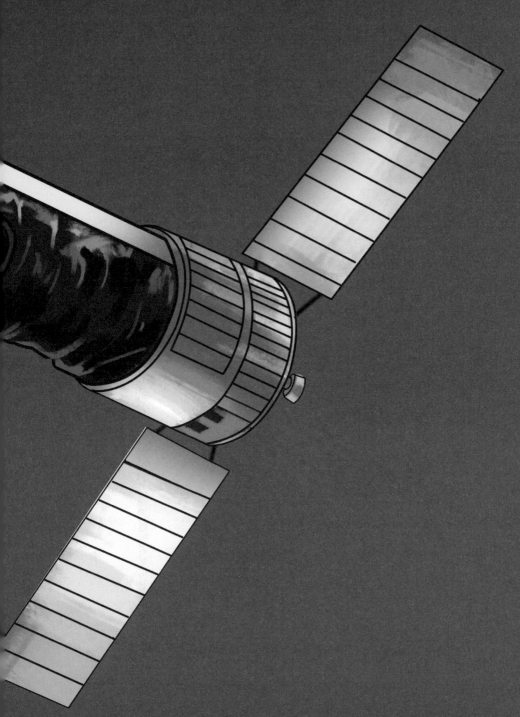

"长曲棍球"雷达成像侦察卫星星座

"长曲棍球"雷达成像侦察卫星星座于 1976 年开始研制，由运行在倾角 57° 和 68° 两个轨道面的卫星组成，一般至少保持两颗卫星同时在轨工作。卫星发射质量约 14 500 千克，星体长 12 米，直径约为 4.4 米。合成孔径雷达载荷有 4 种工作模式：前 2 颗为第一代卫星，标准模式下分辨率为 3 米，精分辨率模式下分辨率为 1 米；后 3 颗为第二代卫星，标准模式下分辨率提高到 1 米，精分辨率模式下分辨率提高到 0.3 米。

航空航天局（NASA）成功发射了世界上第一颗合成孔径雷达成像侦察卫星——"海洋卫星 A 号"（SeaSat-A）。1988 年 12 月 2 日，由"亚特兰蒂斯号"（Atlantis）航天飞机将"长曲棍球"雷达成像侦察卫星（图 1-7）成功送入预定轨道。

通过几场局部战争的实践，美军充分认识到侦察卫星在现代战争中的重要作用，但光学侦察卫星和雷达侦察卫星都有各自的局限性。比如，KH-12 卫星虽然分辨率高，但幅宽窄，易受天气影响，难以掌握战场全貌，被战场指挥官戏称为"用麦管看地球"。雷达侦察卫星虽然能克服不良天气的影响，但图像分辨率难以达到光学卫星水平且可视效果差。据此美军进行了针对性改进，发展了"8X"增强型光学成像系统卫星，该卫星搭载了光学相机和合成孔径雷达成像载荷，并大幅度提升了成像幅宽。

如果说光学侦察卫星和雷达侦察卫星是战场上的"千里眼"，那么电子侦察卫星可称作战场上的"顺风耳"。电子侦察卫星利用搭载的接收机获取雷达、通信等系统的电磁信号，经过处理对其进行参数测量和定位。

美国是电子侦察卫星应用的先驱，早在 1962 年 5 月就研制并发射了世界上第一颗电子侦察卫星。早期，美国研制发射了"峡谷"（Canyon）、"流纹岩"（Rhyolite），以及"漩涡"（Vortex）、"猎户座"（Orion）、"大酒瓶"（Magnum）等卫星。2000年前，主要运行的电子侦察卫星包括"水星"（Mercury）、"顾问"、"军号"（Trumpet）等。2000 年后，美国主要发展包括"入侵者"系列卫星在内的第五代电子侦察卫星，该卫星采用集成化发展路线，兼具电子侦察和通信侦察功能，同时具有很强的机动变轨能力。

"8X"增强型光学成像系统卫星

"8X"增强型光学成像系统卫星重约 20 吨，长约19 米，直径约为 4.4 米，运行在高度为 2690 ～ 3130千米、倾角为 63.4° 的轨道上。该卫星的视场覆盖区域较 KH-12 系列卫星提升了 8倍，数据传输速度也提升了8 倍。获取的侦察信息可以通过中继卫星传送回本土进行处理与分析。

顾名思义，海洋监视卫星主要是用于发现并定位舰船、潜艇等目标的侦察卫星。美军主要发展了"白云"（White Cloud）系列海洋监视卫星，至今已发展了三代。该系列卫星采用多星组网运行的方式，通过计算无线电信号到达各卫星之间的时间差解算目标所在的位置。

苏联这一冷战时期的美国对手已成为历史。时至今日，相对于苏联航天资产的继承者俄罗斯来说，在发展侦察卫星的马拉松赛道上，无论是侦察卫星技术的先进性还是卫星的类型和数量，美国可以说是一骑绝尘。

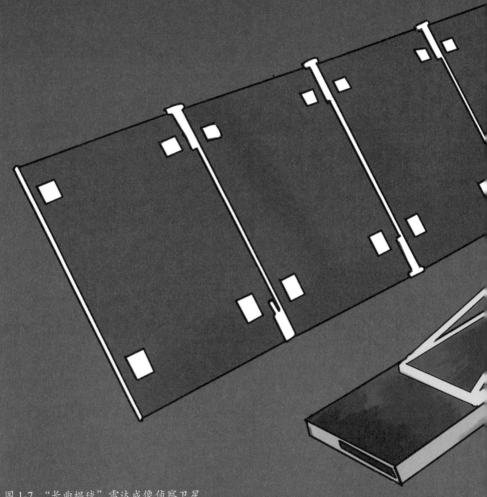

图 1-7　"长曲棍球"雷达成像侦察卫星

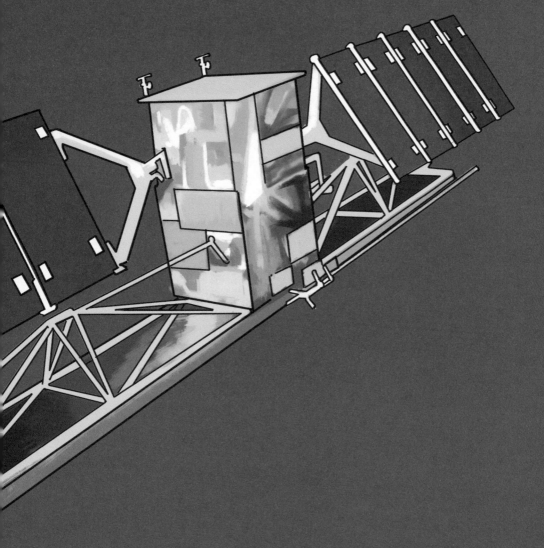

三、群雄逐鹿

在科索沃战争中，欧洲各国的太空军事力量薄弱，必须依靠美国卫星提供的情报才能完成情报分析、行动计划制定等任务。此后，欧洲决心摆脱对美国侦察卫星的依赖，力争在国际事务和地区性危机中打破被动局面，抢得先机。

（一）"和谐"的欧洲盟友

"太阳神"光学成像侦察卫星

"太阳神"光学成像侦察卫星先后共发射 4 颗，分别为"太阳神 -1A""太阳神 -1B""太阳神 -2A""太阳神 -2B"。其中"太阳神 -1A""太阳神 -1B"为该系列第一代卫星，分辨率为1 米；"太阳神 -2A""太阳神 -2B"为该系列第二代卫星，最高分辨率为 0.35 米。

欧洲一直寻求建立一个独立于美国的侦察卫星系统，尤其是法国，更是主张实现欧洲自主。此外，德国、比利时、西班牙等国家出于维护共同利益、资金、技术合作等多方面的考虑，积极协作，谋求打造一个服务于欧洲的航天侦察系统。

1977 年，法国启动了"萨姆罗"（Sat. Militare de Reconnissance Optique，SAMRO，军事光学侦察卫星）的研制计划，1985 年更名为"太阳神"（Helios）计划。"太阳神 -1"（Helios-1）卫星由法国、意大利、西班牙三国共同研制。1994 年，法国联手比利时、希腊等国研制"太阳神 -2"（Helios-2）卫星，并与德国和意大利签署了卫星影像共享协议。

为进一步提高侦察能力，法国致力于打造新型侦察卫星体系，并于2018年和2020年分别发射了"光学空间段-1"（CSO-1）与"光学空间段-2"（CSO-2）光学侦察卫星，进一步增强了目标识别能力。

2006年以前，欧洲各国仅有光学成像侦察卫星，迫切需要发展具有全天时、全天候监视能力的雷达成像侦察卫星。2006年12月，德国成功发射了"合成孔径雷达-放大镜"（SAR-Lupe）卫星，此后又发射了4颗SAR-Lupe卫星组网运行，此举使得欧洲的成像侦察能力大幅提升。

2014年，西班牙发射了"德莫斯2号"（Deimos-2）军民两用高分辨率卫星，这颗卫星全色分辨率为0.75米，并搭载了多光谱成像仪。

此外，欧洲还研制了"蜂群"（Essaim）电子侦察卫星和"螺旋"（Spirale）导弹预警卫星，侦察卫星体系逐渐完整。

从欧洲军事侦察卫星的简要发展历史可知，其在自主发展航天侦察系统的道路上不断前行。长期来看，由欧洲协作共建的航天侦察系统将继续完善发展。

SAR-Lupe 卫星

SAR-Lupe卫星系统由5颗X波段雷达成像卫星组成，卫星的生产商是德国不来梅轨道高技术系统公司。与美国"长曲棍球"雷达成像侦察卫星不同的是：SAR-Lupe卫星属于小卫星，质量仅有770千克，在俄罗斯普列谢茨克航天发射场发射，地面分辨率约为0.7米，可以辨认飞机、车辆、舰船等目标。

（二）隐忍的东瀛工匠

虽然日本拥有世界一流的科技，但在发展侦察卫星方面却受到美国的限制。在拥有自己的侦察卫星之前，日本完全依赖美国提供航天侦察情报保障。没有自己的太空军事侦察手段，情报时效性不一定能够满足自身需求，另外情报保障内容肯定也经过了美国的"过滤"。因此，日本一直致力于寻求突破，希望能够摆脱束缚，打造自己的侦察卫星系统。

1998年8月31日，朝鲜发射了"光明星1号"卫星，美国随后将这一情报通报给了日本，日本事先对此一无所知，这极大地刺激了日本朝野，国会一致支持日本独立发展侦察卫星。更为关键的是，美国自此之后对日本独立发展侦察卫星的态度发生了转变，宣布支持日本发展侦察卫星。以此为契机，日本制定了"情报搜集卫星"系统研制计划，开始研制成像侦察卫星，对外宣称发展该卫星系统的目的是对敌对邻国发射的中远程导弹提供早期预警情报。

"情报搜集卫星"系统

"情报搜集卫星"（Information Gathering Satellite，IGS）是日本发展的军事成像侦察卫星，包括光学观测和雷达观测两个类型。该系统可实现全球覆盖，可见光分辨率为0.3米，雷达分辨率为0.5米。

2003 年 3 月 28 日，日本采用一箭双星方式成功发射"光学 1 号"和"雷达 1 号"卫星（图 1-8），同时发射两种成像卫星可以实现性能上的互补，提高复杂条件下的目标发现和识别能力。

进入 21 世纪后，日本的侦察卫星取得了突破性进展，但依然无法完全摆脱美国的束缚。与美国、俄罗斯等航天大国相比，日本的侦察卫星在数量、规模、体系完备性等方面还存在较大差距。

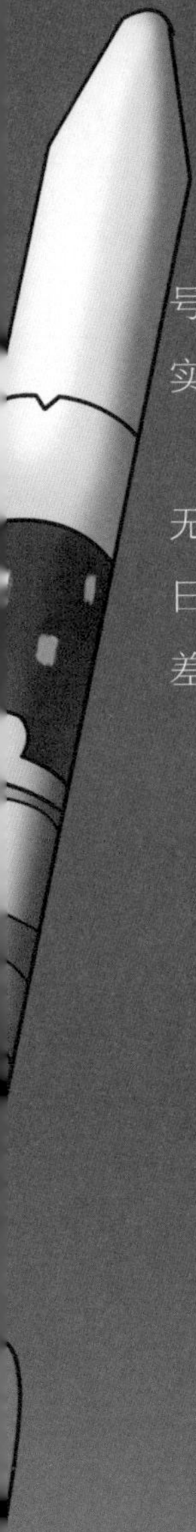

图 1-8　搭载"雷达 1 号"卫星的 H2A 火箭发射升空

四、崛起的"东方巨龙"

自古以来，中华民族就对浩瀚无垠的太空充满了向往。古有嫦娥奔月的神话，更有为飞天梦想献出生命的"世界航天第一人"陶成道（万户）。中华人民共和国成立后，中国人民在太空领域开拓创新，尽展"东方巨龙"的风采。

（一）"我们也要搞人造卫星！"

苏联打响了人类进军太空的第一枪，轰动了全世界，美国、法国、日本也相继纷纷发射了自己的人造地球卫星，一场你追我赶的太空竞赛如火如荼地开始了。对饱受战火蹂躏、深刻体会落后就要挨打的新中国来说，大力发展航天事业，不仅是探索真知的科学研究，更是中国立足国际舞台、掌握国际话语权的重要途径。我们必须参与其中，绝不能只做太空竞技场上的看客。

1958 年 5 月 17 日，在中国共产党第八届全国代表大会第二次会议上，毛泽东主席豪情万丈地宣布：我们也要搞人造卫星！

随即，人造卫星研制计划被列为 1958 年最重要的科研项目，代号"581"，意即 1958 年头等重要的科研任务。中国科学院成立了"581"小组，负责组织协调卫星和火箭研制任务，钱学森任组长，赵九章任副组长。浴火重生的新中国决心进军太空。

（二）战略哨兵

中华人民共和国成立后，我国的科研实力薄弱，本来想依靠苏联的帮助发射人造地球卫星，但随着中苏关系恶化，这条道路已走不通，唯有自力更生。受当时条件所限，经过两年的努力，人造地球卫星的研制依然进展缓慢，加上耗资巨大，国家又迫切需要将精力集中于导弹和原子弹的研制，到了 1960 年，人造地球卫星的研制计划被迫搁置。

尽管当时一穷二白，但在中国共产党的坚强领导下，老一辈科技工作者白手起家、埋头苦干、不屈不挠，用智慧和汗水填补了我国在航天领域的空白。

"东方红，太阳升……" 1970 年 4 月 24 日，我国第一颗人造地球卫星"东方红一号"成功发射，举国欢庆。与美国和苏联等国家的第一颗人造地球卫星

"东方红一号"卫星

"东方红一号"卫星是 1970 年 4 月 24 日在中国酒泉卫星发射中心成功发射的我国首颗人造地球卫星。该卫星质量 173 千克，由自主研制的"长征一号"运载火箭送入近地点 441 千米、远地点 2368 千米、倾角 68.44° 的椭圆轨道。"东方红一号"的设计寿命为 20 天，实际工作 28 天，于 1970 年 5 月 14 日停止发射信号，目前该卫星仍然在轨。

相比，"东方红一号"无论是总重量还是能源、温度控制、测控等系统的技术水平，都要高出很多，这也为我国后续的卫星研制奠定了坚实的技术基础。

1966 年，为打破世界航天大国对空间技术的垄断，我国开始着手自主研制返回式卫星。

道阻且长，行则将至。在没有任何技术资料可以借鉴的情况下，从零研制的困难和压力可想而知。科研人员默默扎根于深山戈壁之中，坚忍不拔、锲而不舍地一次次开展空投和风洞试验，取得了棱镜扫描式可见光相机等关键技术的突破，为实现我国首颗返回式卫星的研制立下了汗马功劳。万里写胸怀，须臾返人间，经过整整 8

年不舍昼夜的奋战，1974 年终于迎来了激动人心的一刻。在万众瞩目下，"长征二号"运载火箭发射升空。飞天之路注定是坎坷的，"长征二号"运载火箭起飞后不久，就凌空爆炸，这一幕让为之奋斗多年的所有科技人员悲痛不已，甚至泪流满面。

失败带来的感受是沉痛的，但大家明白科学的高峰永远是咬着牙、含着泪才能攀上的。这一次的发射失利并没有击垮坚强的航天先辈们，他们痛定思痛，暗自发誓：不达目的，决不罢休！

1975 年 11 月 29 日，一个圆锥形物体从天呼啸而降，落在了贵州六枝特区的一个煤矿上。突然发生的这一幕惊呆了附近的煤矿工人，没错，这个"天外来物"就是我国首颗返回式卫星的返回舱。虽然舱体外部有诸多损毁，但是内部的胶片却完好无损。从冲洗的照片上，能够清晰地分辨出地面上的港口等目标（图 1-9）。功夫不负有心人，我们终于成功了，中国成为继美国、苏联之后第三个真正掌握返回式卫星技术的航天大国。

"可上九天揽月"，这是当今中国航天事业的真实写照。2023 年 4 月 24 日，我们迎来了第八个中国航天日，也是"东方红一号"成功发射 53 周年纪念日。53 年来，中国航天事业从无人到有

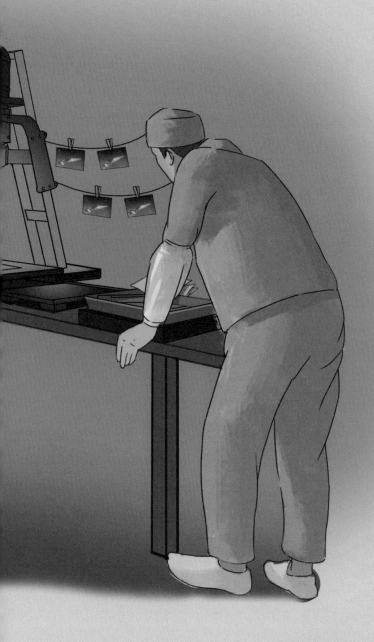

图 1-9　科技人员正在冲洗卫星照片

人，从单人到多人，从舱内到舱外，从地球到月球再到火星……
不断实现新的突破，取得新的辉煌，在世界航天舞台上尽展风采。

第二章

百舸争流

> 想象力比知识更重要，因为知识是有限的，
> 而想象力概括着世界上的一切，推动着人类的
> 进步，并且是知识进步的源泉。
>
> ——阿尔伯特·爱因斯坦

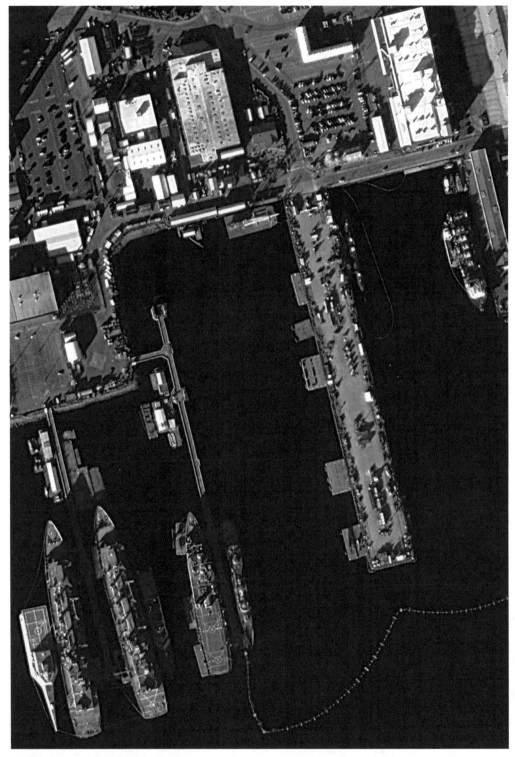

美国布雷默顿军事基地卫星影像图

侦察卫星是一个庞大的家族，家族成员众多，从不同的角度，有不同的分类。按传感器分，包括光学成像侦察卫星、微波成像侦察卫星、电子信号侦察卫星、综合侦察卫星等；按主要用途分，包括陆地侦察卫星、海洋监视卫星、空中目标监视卫星、导弹预警卫星、作战响应空间卫星等；按重量分，包括大卫星、小卫星、微纳卫星等；按运行轨道高度分，包括高轨卫星、中轨卫星、低轨卫星等。尽管有如此多的种类，但侦察卫星的核心都是所装载的侦察传感器，也就是侦察载荷。

侦察卫星系统复杂、性能先进，具有特殊的军事用途，所以又被称为"间谍卫星"。下面就为大家揭开侦察卫星的神秘面纱。

一、太空之眼

（一）好眼力是怎样炼成的

从太空中的卫星上能看清地面上《人民日报》的标题吗？能看清地面上的汽车牌照吗？能看清地面上人的五官吗？……

弄明白了侦察卫星的成像原理，回答上述这些问题就易如反掌了。

侦察卫星从太空俯瞰着地球，它获取信息的过程非常复杂：首先需要收集地面目标和背景反射的能量，然后将光能转化为电信号，获得地物影像，最后下传至地面。这个长长的成像链（图 2-1）十分复杂，也是卫星在太空中成像的特殊之处。

卫星飞行在大气层外，侦察相机收集到的能量除了我们关心的目标和背景反射的能量外，还包括大气顶层反射、大气散射、大气透射后在地面反射、大气层二次透射等的能量，对这个成像原理的分析，是侦察卫星设计的基础，也是侦察卫星图像处理的难点。

图 2-1 卫星成像链示意图

让我们先从太阳光谱说起，它可是一切光学成像的起点。

太阳为地球带来了光明，其表面温度高达约 6000 开。太阳光辐射到地球，在穿过大气层时，经臭氧、二氧化碳和水汽等的吸收，剩下的以可见光和中长波红外为主，这也是光学侦察的主要波段分布。

光学侦察成像属于被动成像，对于可见光成像来说，依靠的是太阳光在地表的反射，这些反射光蕴含着地物的光谱信息。对于红外成像来说，是地物吸收太阳光热产生红外热辐射，也可以形成地物的影像。

那么，侦察卫星的好眼力是怎样炼成的呢？这里，有三个关键部分功不可没，那就是侦察相机、卫星平台和地面处理。我们先介绍侦察相机，其他两个部分将在第三章中进行详细介绍。

侦察相机是侦察卫星的"眼睛"，是当之无愧的核心。侦察相机看起来很神秘，但其实和我们日常使用的家用照相机原理相同。相机的两大主要部分是光学镜头和焦平面器件。其中，镜头的学名是光学系统，由一组透镜或反射镜组成。光学系统就像人眼的晶体，负责收集物体反射的光线，并聚焦到焦面上，焦面上的探测器负责感光，如同人眼的视网膜成像。早期的焦面探测依靠胶片，曝光后的潜影胶片经回收拿到地面冲洗，得到侦察图像。后来光电探测器取代了胶片，它直接将光能的物理量转换成数字信号，通过无线电传播将侦察信息实时传送回地面。

判断人眼的视力通常使用视力表，衡量侦察相机的性能主要看它的分辨能力，分辨能力与两个关键因素直接相关，即光学系统孔径和焦距。光学系统口径越大，收集的光能量越大，则分辨率越高，焦距越长，地面可分辨的物体间距就越小。

这个道理同我们的生活经验一样：镜头越大，焦距越长，成像质量自然就越好，当然这样的侦察相机价格也越高。图 2-2 是典型的反射式光学系统。

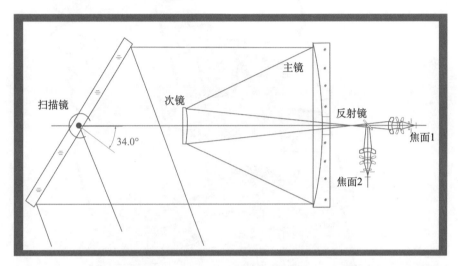

图 2-2　典型的反射式光学系统

侦察相机的光学系统将收集到的光线聚焦到焦面上，依靠焦面器件将其转换成电信号记录并传输回地面。焦面探测单元尺寸是决定侦察相机分辨力的第三个重要因素，尺寸越小，分辨率越高。它需要与相机焦距和口径相匹配，小的探测单元尺寸需要大的通光口径来保证足够的能量。早期使用的探测单元是电荷耦合器件，由电荷耦合器件排成线阵，靠卫星飞过推扫成像，边飞边下传侦察数据。随着技术的不断发展，电荷耦合器件和互补金属氧化物半导体（CMOS）相继投入使用，探测器的转换效率因而不断提升。

性能好的相机首先需要有好的光学系统，要获得优质的图像离不开精细的加工装调，典型的侦察相机如图 2-3 所示。

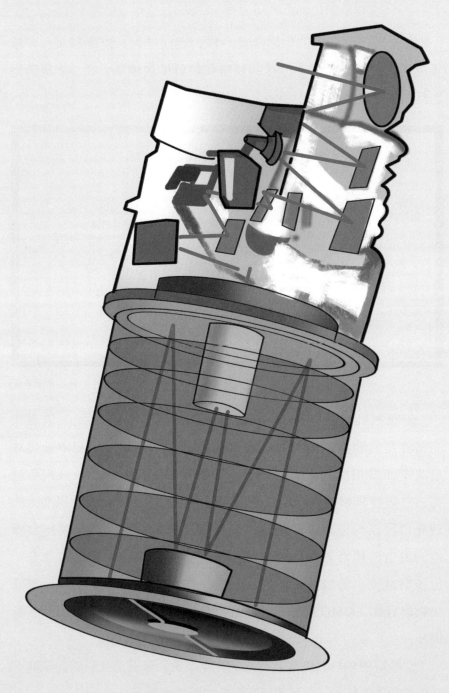

图 2-3　典型的侦察相机

对于高分辨率侦察相机来说，大口径镜坯材料的制造、镜头加工与检测装调，以及小尺寸的焦面探测器，都是实现好眼力的"拦路虎"。想一想我们日常所用的普通单反相机，其口径通常只有几十毫米，小巧轻便，而口径达几米的侦察相机重达数百千克甚至上吨，这样的庞然大物既要经受住火箭发射时的冲击考验，又要克服空间环境的影响，其研制难度不言而喻。这也是目前世界上只有少数几个国家和地区掌握高分辨率侦察卫星研制技术的首要原因。

光学侦察卫星的空间分辨率

光学侦察卫星的质量指标主要包括空间分辨率（GSD）和辐射分辨率，空间分辨率是指图像中能区分的两个相邻点目标对应的地面最小距离，反映了卫星对地面目标能够辨析的程度。公式为

$$GSD = \frac{H \cdot a}{f}$$

式中，H 为卫星轨道高度；f 为相机焦距；a 为探测器像元尺寸。

（二）白天不懂夜的黑

我们能在白天看得见物体，是因为有光照，要想在夜间看清物体，则需要借助其他光源。人眼接收物体反射的全色信息，依靠视网膜上的感光细胞区分红、绿、蓝，合成彩色，我们称之为"真彩色"，这便是人类所认知的世界。

可见光是人类对其的定义，它只是对人眼而言"可见"。可见光相机就是工作在有阳光的条件下，通常可见光侦察相机对成像时太阳高度角的要求在 10° 以上，也就是日常生活中的上午九点后到下午五点前。由于感光波段的扩展，侦察相机能带来不同于人眼看到的信息。事实上，高于绝对零度的物体本身都在发射红外光，太阳

辐射中的红外部分也会穿过大气层经地物反射，这些都能被红外侦察相机所接收，从而达到夜间侦察的目的。

日常生活中，我们其实对红外成像并不陌生。以监测人体发热为例，人在通过测温门时，人身的红外图像就会呈现在安检屏幕上：白色的厚棉衣呈黑色，因为热量没有透过来，裸露的皮肤呈亮色，那正是体温的作用。红外成像靠的就是对温度的感应。

通过红外成像的原理，我们可以看到红外成像的特点：一是能在夜间成像，鉴于很多军事行动都会选择夜幕作为掩护，红外侦察手段因而就发挥着更重要的作用，比如陆军最早发展的战场夜视装备；二是可穿云透雾，红外波长相对较长，可以不受大气中云雾的影响。大家回忆一下，大海上的航标灯是否都是红色的？

红外传感器提供的是亮温信息，所以红外图像可以反映出可见光图像不能表现出来的信息。比如一架飞机刚从机场跑道上起飞，在可见光图像上看不见其踪迹，但它留下的热影在红外图像上就会"原形毕露"。核设施通常都建在河海边靠水冷却，根据红外图像上的排水温度，便可判断设施的工作状态。图 2-4 便是典型的红外图像。

红外相机研制的难点在于其焦面上的探测器，探测的能量很低，且需要工作在零下，制冷机就成为难点。特别是对于侦察卫星来说，长寿命、大功耗更是巨大的考验。所以，具备红外侦察卫星能力的国家和地区远少于具有可见光侦察卫星的。

（三）多光谱与高光谱

照相机通常是按照人眼模式设置红、绿、蓝三个波段，从而得到与视觉一致的彩色图像。侦察相机有着比人眼更多、更精细的设置，它的成像谱段不仅可以扩展到红外波段，获得人眼不可见的热

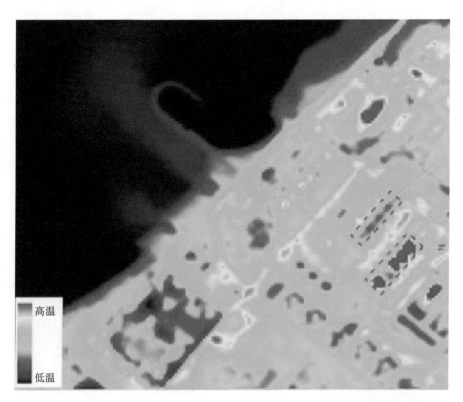

高温

低温

图 2-4 典型的红外图像

红外图像，还能将光谱细分，成像光谱段远超红、绿、蓝，多达数十个，甚至上百个。

多光谱成像被广泛用于侦察卫星，相机在焦面器件前进行了分光，或靠滤光片，或靠分光棱镜，得到的多光谱图像可以进行真彩色或假彩色合成，根据目标与背景的波段差异突出对目标的识别。多光谱数据还可广泛用于地物分类。

当光谱数量增大到上百个，光谱分辨率达到几十纳米时，就产生了高光谱成像。它将成像从空间维拓展到了光谱维，这是人眼所不能及的。高光谱的图谱融合数据可以揭示材料特性，这种空间维和光谱维的超强能力，使得高光谱侦察相机可以获得远超可见光成像的信息量。由于具有很高的光谱分辨率，高光谱在军事领域可以根据气体分子的强吸收特性执行防化监测等任务，在民用领域可以利用某些矿物质的光谱特性进行探矿工作。

借用多光谱和高光谱成像，侦察卫星的"慧眼"更上了一层楼。我国是发展光学成像卫星较早的国家之一，卫星分辨率已达世界先进水平。

> ### 光谱空间分辨率
>
> 光谱中能分辨的最小波长间隔，是衡量光谱仪性能的重要参数。通常用细分的单色光谱通道响应的半高宽（FWHM）来衡量，即仪器光谱响应函数达到 50% 光谱响应时长方向的宽度，表征其能够分辨出两个接近波长的能力。光谱成像技术中的多光谱（multi-spectral）、高光谱（hyper-spectral）和超光谱（ultra-spectral）成像对应的光谱分辨率分别在 100 纳米、10 纳米和 1 纳米量级。

二、穿云透雾

光学成像侦察卫星图像直观，与人类目视效果一致，在应用中有很多优势，但在夜暗、云雨、沙尘等不良气候下获取图像的能力就会大大降低。如何在不良气候条件下获取高质量图像呢？科学家想到了波长比光波更长的电磁波——无线电波。

（一）用电磁波画幅画

可见光和红外谱段都是电磁波，同样是电磁波，波长更长的无线电波能否获取类似的图像呢？所获取的图像是什么样子的呢？能否像光学成像侦察卫星图像那样让人们看到想看到的物体呢？如果可以，在云雨、沙尘等不良气候以及暗夜成像就成为可能。

　　大家知道无线电波能够穿云透雾，利用无线电检测定位目标的设备叫作雷达（radar 的音译），即无线电测距与定位。与常规雷达一样，合成孔径雷达主要包括天线、发射机、接收机、信号处理设备（图 2-5）。

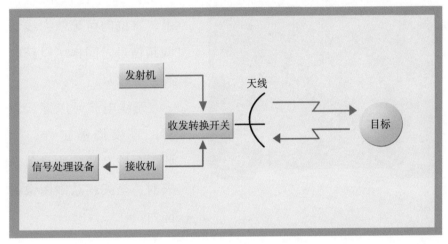

图 2-5　合成孔径雷达组成图

　　最早的合成孔径雷达先把回波信号记录在磁带上，然后利用频率分析设备进行信号处理。1953 年，科学家获取了最早的合成孔径雷达图像。此后许多科学家经过多年努力，终于研制出机载合成孔径雷达，采用电光转换技术将雷达回波信号记录在胶片上，飞机返航后，利用地面光学透镜组，对回波信号进行聚焦处理，从而形成雷达图像。1957 年，获取了人类第一张机载合成孔径雷达图像。

　　合成孔径技术的基本思想是利用相对运动形成的多普勒效应，得到与长天线观测同样的结果。采用一根小尺寸天线，通过雷达和

合成孔径雷达卫星的空间分辨率

指可以分辨两个相邻目标之间距离的能力。通常，对方位向和距离向分辨率提出相同大小的要求。方位向分辨率 p_a 采用合成孔径技术获取，距离向分辨率 p_r 采用脉冲压缩技术获取，两个分辨率的计算公式如下：

$$p_r = \frac{C}{2B_r}, \quad p_a = \frac{v}{B_a}$$

式中，B_r 为雷达的线性调频信号宽度，r 为距离，C 为光速；B_a 为单个目标多普勒宽度，v 为卫星平台地速。

目标的相对运动，随着时间的增加，回波信号可以近似为线性调频。我们知道雷达的距离高分辨就是通过发射线性调频信号获得的。通过合成孔径技术，方位向可等效为线性调频信号，同样可以获取高分辨能力。

无线电波可以穿云透雾，昼夜均能工作，因此，合成孔径雷达具备全天时、全天候获取图像的能力。

（二）太空中的成像雷达

星载合成孔径雷达是卫星遥感领域的"明珠"，机载成像雷达的成功，为进入太空打开了一扇窗。但要想真正进入太空，还需要解决体积、重量、功耗、散热等一系列问题。

微波不依赖光照，可穿透云雨和烟雾，因此，微波成像具有全天时、全天候侦察能力。合成孔径雷达可对地面目标进行成像，同时具备一定的穿透能力，可以发现天然植被、人工伪装下的重要军事目标等。

全天时、全天候获取的高分辨率雷达图像，在军事侦察领域具有巨大的应用潜力，推动着合成孔径雷达不断向前发展。美国、俄罗斯、加拿大、日本、德国、以色列、英国、法国、意大利等国家陆续发展了自己的合成孔径雷达卫星。

我国的第一颗合成孔径雷达卫星起步于20世纪80年代，在"国家高技术研究发展计划"（863计划）的支持下，老一辈科技工作者前赴后继，经过20多年艰苦攻关，我国首颗合成孔径雷达卫星终于在21世纪初发射成功，为国民经济和社会发展提供了重要支撑。经过半个多世

> **我国首颗合成孔径雷达卫星**
>
> 2006年5月，我国利用"长征四号乙"运载火箭成功将首颗自主研制的全天候、全天时卫星送入预定轨道。该卫星的质量约为2700千克，主要用于科学试验、国土资源普查、农作物估产和防灾减灾等，对我国国民经济和社会发展发挥了重要作用。

纪的发展，目前已经发展了S波段、L波段、C波段、X波段等多频段，兼具条带模式、聚束模式、扫描模式多种工作模式。其中，聚束模式是实现雷达图像方位向高分辨率的有效途径。目前，我国的合成孔径雷达卫星已跻身国际先进行列。

（三）给图像加上颜色

我们知道雷达图像是物体散射特性的反映，既然反映的是物体本身的特性，那么雷达图像能否具有光学图像那样的彩色图像呢？这就不得不提到电磁波的另一个特性——极化特性。通常星载合成孔径雷达的极化方式有水平-水平（HH）极化、水平-垂直（HV）极化、垂直-水平（VH）极化、垂直-垂直（VV）极化、圆极化等，以多种极化方式工作的合成孔径雷达系统称为极化合成孔径雷

达。把不同极化的信息与彩色进行映射，就可以获取伪彩色雷达图像（图 2-6）。

极化合成孔径雷达测量可获得每一像元的全散射矩阵，能获取线性极化、圆极化、椭圆极化等多种极化信息。因此，与常规合成孔径雷达相比，极化合成孔径雷达在雷达目标的探测与识别、纹理特征的提取、目标材质的分类等领域具有很大的研究价值。电磁波极化的最主要技术特点是对目标的地表粗糙程度、介电常数、几何形状和取向等物理特性比较敏感。与单极化雷达不同，极化合成孔径雷达能够测量不同极化状态下信号幅度和彼此之间的相对相位，利用极化散射矩阵蕴含的丰富地物信息，可获取目标方向、形状、粗糙度、介电常数、土壤湿度等有效信息，从而提高成像雷达对目标信息的获取能力（图 2-7）。

极化雷达已经发展成为一种比较成熟的装备，在农业应用方面，可以分辨不同种类的农作物、农作物的不同生长时期；在林业应用方面，可以进行森林植被高度、衰减系数等生物量的估计与物种识

图 2-6 多极化合成图像

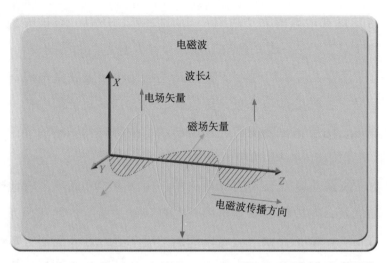

图 2-7　电磁波极化原理图

别；在气相水文应用方面，可以进行表面粗糙度和土壤湿度估计、雪温度估计等；在海冰应用方面，可以进行海冰冰龄与厚度估计、波特性估计、热和波前探测等；此外，在地质、环境、测绘等各个领域也有着广泛的研究和应用。

相比单极化，极化合成孔径雷达图像信息更加丰富，目标对在不同极化上的响应特性，可用于目标检测与分类识别，丰富的极化信息，更易于实现自然地物分类的自动化。因此，在军事上，极化合成孔径雷达可用于伪装遮障目标的检测与分类，同时可用于分析战场环境，支持通行能力等研判。

三、侧耳倾听

（一）游走在太空的"耳朵"

前面介绍了成像侦察卫星，它以图像的方式呈现在人的面前，可以将其直观地理解为"眼睛"。除此之外，还有一类被喻为"耳朵"的侦察卫星——电子侦察卫星，被称为游走在太空的"耳朵"。

电子侦察卫星利用星上安装的无线电接收装置收集电磁信号和通信信号，经过处理与分析，可以获取敌方诸多有价值的信息，如预警消息、防空雷达的配置与性能参数、战略导弹试验的遥控遥测数据、军用电台的配置情况，等等。

电子侦察卫星就像人的耳朵一样，在太空中"倾听"着地球上的电磁信号，与成像侦察卫星同一时刻只能"看"到地球表面一小块区域不同，电子侦察卫星可以同时"听"到地球表面很大范围内的目标的辐射信号。它首先利用大型的天线接收到雷达、通信等辐射源发射的电磁信号，然后对信号进行放大，直到变到适合处理的频率范围，再利用接收设备对信号进行采集，检测出有用的信号，并测量其特征参数，最后对采集数据和测量的特征参数进行存储，在卫星上或下传到地面进行处理（图 2-8）。

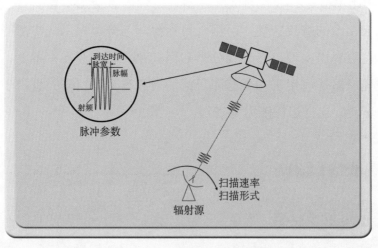

图 2-8　电子侦察卫星工作原理示意图

因此，电子侦察卫星系统的工作过程主要包括截获信号、测量信号各种参数、定位辐射源、识别目标等。卫星有效载荷完成信号检测和参数测量后，再利用信号参数中包含的方向等信息计算出目标的位置，最后结合目标位置、特征参数等处理结果开展目标识别和状态分析，为军事应用提供目标和信号情报数据。

（二）高寻问真源

寻找目标、定位敌方雷达或目标位置是侦察卫星的主要任务，那么电子侦察卫星是如何定位的呢？它主要采用测向定位、时差定位、时差频差定位等方式来确定辐射源的位置。

测向定位是通过确定不同方向到达的电磁波来确定辐射源的方向，再从卫星位置出发，沿着电磁波来向画一条射线，射线与地面的交点就是辐射源的位置，如同我们用耳朵来判断声音的来源一样（图 2-9）。

时差定位主要应用于星座体制的电子侦察系统中，星座系统中的卫星相隔一定的距离，辐射源发射的信号到达每颗卫星的时间是不同的，距离辐射源较近的卫星先截获到信号，通过三颗卫星分别测量辐射源信号的到达时间，得到不相关的两个信号到达时间差，再结合辐射源位于地球表面这一约束条件，在地球表面可以形成两条等时差线，等时差线的交点就是辐射源的位置（图 2-10）。

时差频差定位是利用辐射源信号到不同卫星的时间差和频率差计算出目标的位置。利用两颗卫星接收到信号的时间差，可以形成一个等时间差双曲面，同时利用收到信号的多普勒频率差，形成一个等频差曲面，这两个曲面的交线与地球表面的交点就是目标位置。因此，利用时差频差定位体制，两颗卫星就可以实现对辐射源的定位（图 2-11）。

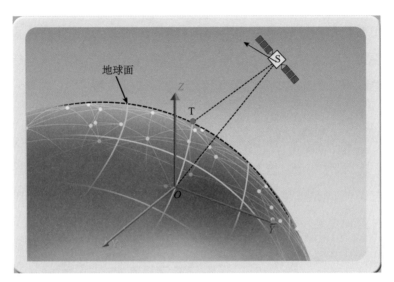

图 2-9　测向定位原理图
图中，S 指卫星，T 指目标

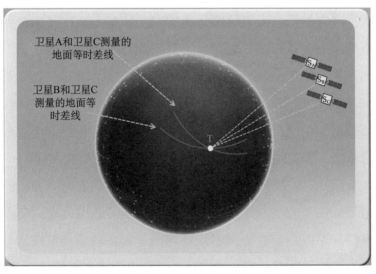

图 2-10　时差定位原理图
图中，S_A 指 A 卫星，S_B 指 B 卫星，S_C 指 C 卫星，T 指目标

图 2-11 时差频差定位原理图
图中，S_A 指 A 卫星，S_B 指 B 卫星，T 指目标

（三）抽丝剥茧

在电子侦察卫星中，有一类以通过监听敌方无线电通信信号并进行破译来获取通信内容为主要任务的卫星，这就是信号侦察卫星。无线电电子侦察装备最早出现在第一次世界大战期间，用于监听敌方的无线电广播和军事、外交通信。第二次世界大战期间以及战后，无线电侦察技术得到了快速发展，许多国家都建立了多层次的无线电侦察网。随着卫星技术的日趋成熟，无线电侦察装备自然而然地搭载到了卫星平台上。

由于信号情报侦察需要对敌方潜在通信等目标发射的信号进行连续监听，因此卫星一般采用较高的轨道，包括地球同步轨道、准同步轨道和大椭圆轨道，可以保证对同一区域拥有较长的覆盖时间。美国于 20 世纪 70 年代起开始发展同步轨道和大椭圆轨道信号

电子侦察卫星的目标定位精度

电子侦察卫星的目标定位精度是指目标位置测量的误差，也就是被确定的目标位置与实际目标位置的偏离大小。由于测量系统的随机噪声等因素产生测量误差，这个测量误差会引起定位误差，定位点在目标真实位置周围随机散布，可理解为这是一个概率问题。

侦察卫星，并不断进行升级，90年代后期，在轨卫星包括"水星""顾问""军号"等系列。相对于低轨卫星，高轨卫星接收到的目标辐射信号更加微弱，因此需要采用展开面更大的天线来提高接收增益，地球同步轨道信号侦察卫星的侦察天线口径通常达到几十米甚至上百米。大型侦察天线和高灵敏度接收机相结合，可实现对地面微弱电子信号的侦察与接收。

信号侦察卫星监听到大量的无线电通信等电子信号后，需要采集存储后转发到地面接收站，并分发至情报分析人员，对截获的信号进行分析、破译，获取通信内容，从而进一步得到敌方兵力部署、作战意图等重要情报。

电子侦察卫星是一种被动侦察的装备，依靠接收到辐射源发出的信号来获取目标类型、状态及位置，其工作原理类似于我们日常使用的收音机，只不过它是一种具有特殊用途的接收设备。它的搜索范围大，可以提高目标跟踪的能力，卫星通过对信号源发射信号的识别来间接确定信号源载体，但目标的实际情况反映不充分，就容易受干扰和欺骗。电子侦察信号频谱如图 2-12 所示。侦察与反侦察一直是相伴而生的，不同的侦察手段既有优点，也有缺点，因此实际应用中通常考虑多种手段组合应用，取长补短，形成体系能力，海洋目标监视就是一个综合应用的典型系统。

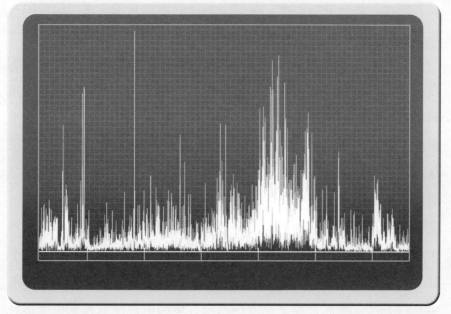

图 2-12　电子侦察信号频谱图

四、海上谍影

（一）夺取制海权

2000 多年前，古罗马哲学家西塞罗（Cicero）曾预言："谁控制了海洋，谁就控制了世界。"自 15 世纪大航海时代以来，因经济利益等方面的争夺，已发生了多次海战。例如 1588 年 7 月的英吉利海峡海战，英国仅用几十艘劫掠船就打败了西班牙"无敌舰队"的一百余艘船，为英国控制大西洋奠定了有利基础。茫茫大海中，怎样才能在敌方舰船对己方构成威胁前发现它们呢？最初的方法当然是通过肉眼去看，但由于地球曲率的存在，肉眼能观察的范围有限。因此，船上都配有较高的瞭望台，瞭望员借助望远镜等仪器就可以看得更远、更清楚。但是，瞭望台的高度毕竟有限，更何况肉眼观测容易受不良天气和夜间等的影响。

面向海上作战，须尽早搜索并发现敌方舰船威胁，为此，各国尝试了多种技术手段。在雷达这一探测手段发明之前，通过无线电测向获取敌方舰船的大致方位得到了广泛应用，通过巡逻飞机、潜艇前出扩大范围也是有效的侦察手段。雷达于1935年被发明后，很快就被装备到舰船上，在第二次世界大战中发挥了重要作用。第二次世界大战后期，搜索雷达被改进后安装到预警飞机上，大幅扩大了对海上目标的探测范围。海上目标搜索的技术手段从肉眼观察逐步向无线电测向、雷达探测发展，探测平台的高度由几十米增加到几千米甚至上万米，对海上目标的预警探测范围也从几十千米扩展至几百千米。然而，为了夺取制海权，单纯依靠舰载预警机区区几百千米的探测范围是远远不够的。

1941年12月7日发生的日本偷袭珍珠港事件让美军认识到，必须拥有对整个海洋的全面监视能力，才能避免遭到毁灭性的突然袭击。

（二）卫星上的预警雷达

相对于舰载雷达和预警机，卫星具有站得高、看得远的优势。自美国、苏联两国成功发射各自的成像侦察卫星后，就不约而同地开启了将侦察卫星应用于海洋目标监视的研究工作。显然，美苏两国并没有将成像侦察卫星直接用于舰船目标监视的任务，原因就在于成像侦察卫星的观测视场一般最大只有几十千米，难以完成在辽阔的大海上搜索舰船的任务。

沿着将雷达的安装平台从舰船升高到飞机上这一技术的发展过程，如果将预警雷达安装到卫星上，就可以实现对更大范围的海面目标的搜索。没错，苏联的第一颗海洋监视卫星就采用了这一技术路线。

从雷达探测距离方程可知，由于雷达探测到目标的前提是需要检测出目标反射的信号，因此对于相同雷达散射截面积的目标，最小雷达发射功率与探测距离的四次方成正比。假设卫星轨道的高度为 260 千米，其对地球表面目标的最大可视距离可超过 1600 千米，是预警机探测舰船目标距离的 8 倍。若要实现卫星对整个覆盖范围内的舰船目标探测，卫星上的雷达发射功率就要达到预警机雷达的4096 倍。显然，这对于卫星能源的要求是巨大的。因此，苏联采用小型核反应堆为卫星供电，以满足对舰船目标探测的需求，但由于安全性备受质疑，于 1984 年后终止发射。

（三）多手段融合

在继续介绍其他类型的海洋监视卫星之前，让我们先来了解一下作为探测对象的军用舰船目标有哪些特点，正是这些特点决定了海洋监视卫星所采用的技术手段。

第一，军用舰船具有较大的几何尺寸，利用成像手段探测目标则不需要太高的分辨率；第二，舰船结构以金属材质为主，对无线电波的反射能力较强，且海面背景较为单一，因此适合采用雷达探测手段发现目标；第三，军用舰船装备了大量雷达、通信、导航等电子设备，基本上时刻都在辐射无线电信号，因此可以采用电子侦察手段监视目标；第四，舰船属于低速运动目标，且航行在广阔的海面上，因此对目标监视的时间分辨率没有太高的要求。

基于舰船目标具有上述特点，在雷达探测型海洋监视卫星发射后，苏联和美国争先恐后地开展了电子侦察型海洋监视卫星的试验，并分别于 1974 年和 1976 年发射了实用的电子侦察型海洋监视卫星。

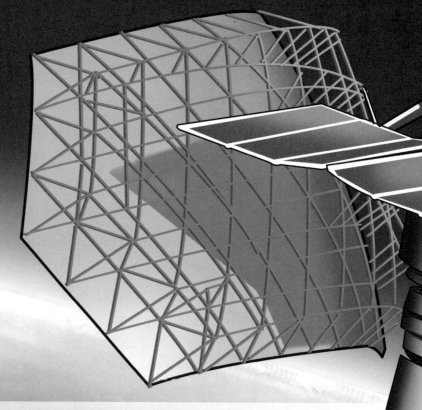

从早期发展的海洋监视卫星可以看出，预警雷达和电子侦察系统是最先用于海洋目标监视的卫星载荷，主要原因在于这两种载荷具有大范围覆盖的能力，适合在广阔的海洋上完成对舰船目标的搜索任务。

雷达探测舰船目标需要无线电信号反射，电子侦察系统与其不同，可以直接接收舰船目标的辐射源信号，信号强度与目标距离的平方成正比，能够发现距离更远的目标。因此，电子侦察卫星在海洋目标监视任务中具有更广阔的搜索范围。

美国采用"白云"电子侦察卫星构建了长期稳定运行的海洋监视系统，自1976年建成以来已进行了三次更新换代，由第一、第二代的一组三颗升级为第三代的一组两颗。第三代"白云"又称"联合天基广域监视系统"，集可见光、红外、微波、电子侦察等多种侦察手段于一体，目标发现能力和识别能力进一步增强。

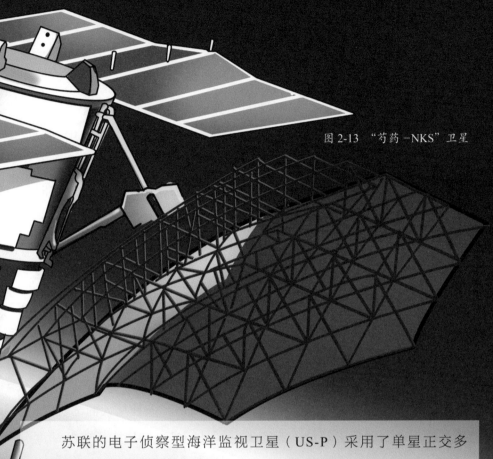

图 2-13　"芍药－NKS"卫星

　　苏联的电子侦察型海洋监视卫星（US-P）采用了单星正交多基线干涉仪测向定位体制。该系列卫星既可单星独立工作，又可多星组网实现对目标的连续监视和跟踪，并能通过与雷达探测型海洋监视卫星配合使用发挥互补作用。2019 年，俄罗斯着手部署"藤蔓"侦察系统，包括两颗用于海洋目标监视的"芍药－NKS"卫星（图 2-13）和两颗"莲花－S"电子侦察卫星，可为俄罗斯海军提供敌方舰船目标态势和目标指示信息。其中，"芍药－NKS"卫星同时具备电子侦察载荷和合成孔径雷达载荷，可通过多种手段融合提高对海上目标的发现和识别能力。

五、天际哨兵

（一）发现"突袭者"

导弹袭击防不胜防，特别是洲际弹道导弹，远距离、核弹头，威胁到国家的生死存亡，及早发现导弹的突袭是国之要事。用大型地基雷达进行持续扫描，受地球曲率影响，只能等导弹爬到一定高度、飞临上空时才能发现，预警时间十分有限，留给己方的反应时间往往只有几分钟，根本来不及有效应对，只能被动挨打。用预警飞机，虽然可以看得更远一些，但也只是增加了数百千米，对于高速飞行的导弹，反应时间也就是增加一两分钟。那么，有没有什么办法可以看得更远，并能够提供更多的预警时间呢？导弹预警卫星由此应运而生，如同在太空装上了一双慧眼、建了一座烽火台，其时刻保持警惕，防止洲际弹道导弹的突然袭击。

导弹预警卫星就是用于监视、发现和跟踪敌方弹道导弹的侦察卫星。通常有两种轨道：一种是地球静止轨道，一种是大椭圆轨道。地球静止轨道预警卫星位于赤道上空，其扫描范围集中于中低纬度地区，一颗卫星基本可以覆盖 40% 的区域，三颗卫星可实现全球中低纬度的覆盖；大椭圆轨道预警卫星则可以在高纬度地区长时间驻留。通过两种轨道上预警卫星的组网协同，基本上任何区域的导弹发射都逃不过其法眼。

那么，卫星距离地面几万千米，靠什么发现导弹来袭呢？导弹发射后，燃烧推进剂在尾部喷出火焰，长度达几百米甚至几千米，温度往往高达 2000℃，发出的辐射能量极高，预警卫星上的红外敏感器会探测到这些信息，继而向值班人员发出警报——"有导弹发射！"从最早发现导弹发射的位置，可以推算出导弹发射的地面位置或所属国家，通过卫星的持续扫描和燃烧尾焰不断触发敏感器，可以跟踪导弹主动段飞行过程，大致勾勒出飞行轨迹和预定攻击区域，这样就可以提前发出警报，以及时采取拦截、规避或反击等应对措施。

冷战时期，正是因为有了导弹预警卫星，美国、苏联两国才能在第一时间相互掌握对方的导弹发射情况并采取核反击等应对措施，实质上使两国达成了核威慑下的战略平衡状态（图 2-14）。

（二）找到"真家伙"

导弹预警卫星的发展几经周折，经过不同方案、不同体制的多方对比，最终才形成了可靠的预警能力。其中，最为关键的就是确定红外探测器的工作波段。比如，美国早期的"国防支援计划"卫星采用的是短波红外波段（2.7 微米），虽然能够预警导弹发射，但对地面爆炸、火灾和云层反射阳光等容易造成虚警。后来，发展为双色红外波段（2.7 微米和 4.3 微米），这两个谱段对不同现象的响应特性各有差异，通过综合对比，可以滤除云层反射等干扰，大大降低由此引发的虚警概率。

> **"国防支援计划"卫星**
>
> 1965 年，美国开始发展"国防支援计划"卫星。该卫星采用地球同步轨道，其首要任务是探测处于主动段飞行的导弹和火箭，并兼顾核爆炸探测任务。"国防支援计划"卫星已发展了 3 代，现役卫星共有 5 颗，轨道均为地球静止轨道，都是第三代卫星，其主要功能由红外探测器、通信分系统、加固措施与核爆炸探测器实现。

此后，又发展出星上装载多个侦察载荷的方案。一般装载一台

图 2-14　美国的导弹预警卫星

可快速覆盖全球的扫描相机和一台可精确探测指定区域的凝视相机。卫星工作时，先由高速扫描相机探测导弹发射时喷出的尾焰，如发现目标，就将已探测到的信息提供给凝视相机，由它将导弹发射画面拉近放大，紧盯可疑目标，获取确切的目标强度、位置等信息，进一步剔除虚警，更加精确地预报导弹飞行参数，为后续规避、引导跟踪、实施拦截等应对动作提供更加准确的信息保障。

（三）追求"新境界"

"道高一尺，魔高一丈。"随着分导多弹头、再入机动、高超声速等导弹技术的迅猛发展，导弹预警卫星也面临着新的挑战。

在此情况下，多种技术方案齐头并进，立足现有手段能力，通过改进处理算法、缩短传输链路等措施，提高预报的准确性。海湾战争时期，每当伊拉克发射"飞毛腿"导弹时，美国都要向沙特阿拉伯或以色列全国发出警报，改进后可以只向那些将受到直接影响的区域发出预警情报，预警范围缩小至一个装甲师的部署范围。

美国的"天基红外系统"卫星则是从根本上提升能力。卫星上所用的扫描相机具有比"国防支援计划"卫星快得多的扫描速度，它同高分辨率凝视相机相结合，扫描速度和灵敏度均比"国防支援计划"卫星高出 10 倍以上，加上能穿透大气层和具有即时探测能力，"天基红外系统"卫星对战术导弹发射的探测效能明显优于"国防支援计划"卫星，可在导弹发射后 10～20 秒内将预警信息传送给地面部队，而"国防支援计划"卫星至少需要 40～50 秒。下一代预警卫星则更进一步，采用全画幅式红外相机，可以持续不断地对地球上的各种红外事件进行监测，全程跟踪各类导弹发射，有可能颠覆现有的导弹防护格局。

　　上述改进仍是在高轨卫星上做文章，还有一种途径是发展中低轨导弹预警卫星星座。星座将飞行在多个轨道面，组网应用、成对工作，以达到全球覆盖、立体观测的侦察效果。每对卫星通过星间链路进行相互通信，每颗卫星将配备一台宽视场短波红外捕获探测器和一台窄视场凝视型多色跟踪探测器，这些探测器将按照先看地平线以下后看地平线以上的顺序工作，以此捕获和跟踪目标导弹的排气尾焰与发热弹体、助推级之后的弹体以及最后的冷再入弹头。通过中段跟踪和对弹头与其他物体的辨别，卫星还能为地面、空中或天基防御系统提供指示性信息。中低轨预警卫星星座投入使用后，将与高轨导弹预警卫星协同，使得早期拦截导弹成为可能，同现有系统相比能将防区范围扩大 2～4 倍。

第三章

复杂工程

那隐藏着的宇宙本质自身并没有力量足以抗拒求知的勇气。对于勇毅的求知者，它只能揭开它的秘密，将它的财富和奥妙公开给他，让他享受。

——格奥尔格·威廉·弗里德里希·黑格尔

0.5 米分辨率卫星影像图（东方明珠广播电视塔）

侦察卫星工程一般包含六大系统，即卫星系统、运载火箭系统、发射场系统、测控系统、运控系统以及应用系统。其中，卫星系统是整个工程的核心，它与运控系统和应用系统共同构成了一体化侦察系统，其他系统都为之服务。运载火箭系统负责将卫星发射上天送入指定轨道，测控系统则负责对卫星进行跟踪测量。

侦察卫星的研制是一项复杂的系统工程，卫星的全寿命过程包括论证、研制、生产、服役和退役。我国的卫星研制工作始于20世纪50年代，著名科学家钱学森的系统工程理论被誉为"皇冠上的明珠"，为我国的卫星研制奠定了坚实的理论基础。

让我们来看看侦察卫星从发射到实施任务是一项多么复杂的系统工程。

一、万能盒子

侦察卫星由载荷与卫星平台构成，它就像一个万能的盒子，神话传说中的"千里眼"和"顺风耳"，都是由侦察卫星这位"魔法师"变出来的。在第二章中，我们认识了侦察载荷，现在让我们一起来了解一下卫星平台。

（一）最闪亮的星

侦察卫星是一种高技术产品，由诸多分系统组成，它既要适应发射和空间环境，又要满足自身的有效载荷要求。卫星工程是一个复杂的系统工程，需要分析用户需求，定义各种约束条件，将用户需求转化为高度集成的卫星设计任务。

尽管卫星平台的形态多姿多样，但在构型上显而易见地包括以下几个部分：结构舱负责提供载荷所需的安装位置和足够的支撑，太阳翼帆板负责把太阳能转化为电能供给卫星，各类天线负责将数据下传至地面接收站或中继卫星以及接收地面上行的控制信号，星敏感器负责通过星图测量确定卫星姿态。除了这些一目了然的构成，服务舱还包含姿控、轨道控制（以下简称轨控）、测控、热控、供配电分系统等支持系统，虽然在外形上不显山露水，但其功能和地位毫不逊色：姿控分系统确定并控制卫星姿态；轨控分系统测量卫星轨道并将其控制在设计的标称轨道上；测控分系统完成地面测控站和航天器之间的通信与数据传输；热控分系统则将空间恶劣环境下的载荷舱温度控制在工作允许的范围内；供配电分系统负责产生、储存和分配电能，以满足星上用电负荷的供电需求。各分系统分工合作，共同完成卫星承担的任务。图 3-1 展示了典型的侦察卫星构形。

图 3-1　典型的侦察卫星构形

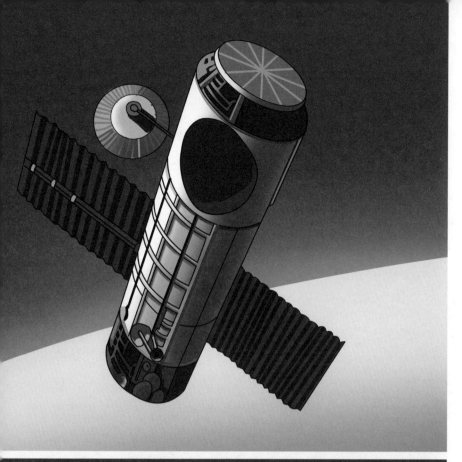

万有引力定律

万有引力定律是牛顿于 1687 年在《自然哲学的数学原理》中所揭示的一种自然规律。表述为：任何两个质点都存在通过其连心线方向上的相互吸引的力。该引力大小与它们质量的乘积成正比，与它们的距离成反比，与两物体的化学组成和其间介质种类无关。

卫星为满足特定需求而运行在空间轨道上。如果我们把卫星比喻成一辆车，那么轨道就是它的道——当然这是一条肉眼看不见的道。想象一下，我们用绳子的一端系住一个铁球，把另一端在空中甩起转圈，铁球的运动轨迹所形成的圆圈，就相当于卫星的轨道了。不同的是，铁球依靠系绳的拉力才不会飞出去——这个力叫作向心力，而卫星在轨道上运行的向心力就是它与地球间的万有引力。

卫星轨道有多种类型。按高度划分，有低轨、中轨和高轨；按形状划分，有圆轨道、椭圆轨道；按应用特性划分，有太阳同步轨道、地球同步轨道等。侦察卫星最常用太阳同步轨道，高度一般为 500 ～ 1000 千米，可以较为均匀地覆盖地球表面，从而实施对全球目标的侦察。其轨道平面和太阳始终保持着相对固定的取向，即全年时间轨道面都与地日连线的夹角保持不变，所以称为"太阳同步"。运行在这种轨道上的卫星，在不同的时间经过目标点时，所对应的星下点与太阳的方位关系也保持不变，这意味着卫星每次经过轨道上的特定点时，当地地方时间都是相同的，即光照条件基本保持不变。这样一来，卫星在经过地面上同一目标时，大体都在一天中的同一时刻，良好地保持了成像时太阳高度角的相同，有利于目标的判读。

随着侦察载荷技术的进步，侦察卫星的轨道也在朝中高轨乃至静止轨道发展。位于 36 000 千米高度的地球静止轨道，就像是悬挂在我们头顶上的卫星，是一个特殊的轨道，对地面保持着 24 小时不间断的可见，这很重要。因此，通信卫星和中继卫星常定点在此处，高时效要求的预警卫星也不例外。当更大口径的相机工程研制实现时，侦察卫星当然也不会放过这个绝佳位置，从而实现对地面真正的持续监视，这正是情报系统用户所梦寐以求的。

（二）精准的"神枪手"

有射击经验的朋友都知道，目标越远，命中的难度越大。可想而知，对于几百千米高度轨道上的卫星来说，想要瞄准地面上某一目标实施侦察，绝非易事。为了保证卫星对目标的准确侦察和精确定位，首先离不开卫星的控制系统，它能保证卫星"行得正、端得稳、瞄得准"。卫星控制系统是一个闭环控制系统：传感器测量状态用于感知输出，控制器将之与期望的输出相进行比较并决定如何调整，最后通过执行器来完成调整。

卫星控制有两类：一种是轨控，一种是姿控。轨控的任务是获取航天器正确的位置和速度，并根据需要加以控制。轨控系统的传感器是导航装置，如利用星载全球定位系统（GPS）或北斗导航卫星系统（BDS），便能快捷地得到卫星的位置与速度矢量，也可以使用加速度计等惯性遥测系统来确定。轨控的执行器是推力器，又称卫星推进系统，用它来实施轨道的控制。轨控的典型使用场景是轨道机动与轨道维持，比如一个椭圆轨道的侦察卫星，为了对某个重要目标实施高分辨率侦察，需要将近地点调整到目标点附近，这就要用到轨道机动。或者是为了让地面轨迹分布符合侦察区域的需

"用麦管看地球"

"太空之眼"看地球，视场受限于相机的视场角，焦距越长，视场角越小。这就是说，越高分辨率的侦察卫星，其一次可成像范围越小。据分析，KH-11卫星的分辨率为0.1米，其侦察带宽是6000米左右，被形象地称为"用麦管看地球"。

求，保持特定的轨道高度，这就需要轨道维持。如上所述，轨道机动通常依靠卫星推力器的喷气实施，这就要求卫星携带较多的燃料，比如大名鼎鼎的美国"锁眼"卫星，就带有数吨燃料，用以完成轨道调整。

日常更为频繁使用的是姿控。姿态确定了航天器在空间的指向方位，这个功能非常重要，它能保证航天器指向正确的方向。航天器姿态一旦失控，卫星就会进入抢救状态。卫星姿态是用以飞行器为中心的本体坐标系的旋转角度来描述的，三个角度分别是滚动角、俯仰角和偏航角。卫星姿控是否到位，通常用指向精度和姿态率来描述。从使用角度来看，这就好比我们晃动头部看四周一样，卫星的姿控就是用来实现相机对侦察目标的对准。和人眼大约130°的视场相比，高分辨率侦察相机的视场只有几度甚至更小（美军抱怨他们最先进的侦察卫星系统如同"用麦管看地球"），要实施对目标的侦察，就必须依靠卫星的高精度姿态机动。

卫星的姿控能力主要体现在三方面。首先是指向控制精度，它决定了侦察载荷能否对准侦察目标。在几百千米的轨道上对地面数千米内的目标进行侦察，用"失之毫厘，谬以千里"来描述再形象不过了，这就要求具有足够高的指向控制精度。其次是控得准先要测得准，这就是姿态测量精度。卫星姿态测量数据通常与侦察数据同时下传至地面，用以进行数据处理实现图像定位。最后是机动速度和姿态稳定度，快速机动到位意味着一次过境能照到更多的目标，姿态稳定度则决定了成像的质量。

同任何一个控制系统一样，卫星的姿控系统主要包括传感器、控制器和执行器。卫星的姿态传感器分为两大类：一类是通过观察四周环境来确定自身姿态，包括较低精度的地球敏感器、太阳敏感器以及较高精度的星敏感器等，通过多传感器组合定姿，得到卫星在三维空间中的精确姿态；另一类是基于自身角运动测量的陀螺仪，它就像我们的内耳，人闭着眼睛也能感知到姿态变化。改变卫星的姿态，最直接的方式就是施加力矩，这就是卫星姿控和执行器的作用。被动型的执行器一般包括重力梯度稳定、自旋稳定和阻尼器，主动型执行器的典型代表有推进器、磁力矩、动量轮等。对侦察卫星来说，出于对目标侦察的快速机动要求，最常用的是动量轮和控制力矩陀螺。动量轮的三个反作用轮能够给出精确的三轴姿控，控制力矩陀螺则为更大的卫星平台提供更高的回转速度。高精度的星敏器和大动量控制力矩陀螺对侦察卫星来说尤为重要：星敏感器的测量精度在很大程度上决定了侦察图像的定位精度，大动量控制力矩陀螺能有效提高卫星的侦察效率，它们都是各国竞相争夺的重要部件。公开报道的资料显示，目前世界上先进的星敏感器测量精度可达到亚角秒量级，卫星可实现的姿控精度高达 10^{-5}，从而实现了米级的目标定位精度。

（三）协作的战车

卫星平台一般由结构、姿轨控、综合电子、测控、热控、总体电路、电源、对地数传、中继数传、跟踪捕获等分系统构成。前面讲的姿控分系统和轨控分系统是平台的核心，它依靠陀螺、星敏感器、太阳敏感器等控制卫星姿态和指向，保障卫星对地或对日指向安全，配合相机实施对目标的侦察成像。除此之外，卫星平台还提供能源、控制、数据处理与下传等一系列服务功能，这里我们再来看看其他的分系统。

结构分系统是整个卫星的骨架，负责承载卫星的全部重量，需要经受发射时的过载冲击；综合电子分系统实现对星载信息的高效智能化管理；测控分系统负责与地面的通信并接收 GPS、BDS 等导航定位信息；热控分系统采用主动或被动热控实施对整星及侦察载荷、数传等主要部位的温度控制，保障相关部件的正常工作；总体电路分系统通过总线与星载计算机进行数字通信，实现自主智能配电管理；数传分系统完成对地、对中继的数据传输。各个分系统协同工作，共同完成卫星被赋予的使命任务。

表征平台能力的主要指标包括承载能力、姿态测量、控制精度、机动能力、数据传输速率、供电能力、在轨寿命等，同时，安全防护、抗毁伤能力也变得日益重要。

平台的英文名称 bus，以及载荷的英文名称 pay-load 形象且准确地表明了它们的特性与定位。平台就像一种公共交通设施，一般有自己的型谱，针对不同的有效载荷选用不同的平台进行适应性改造。以承载能力来划分，有大卫星、小卫星、微纳卫星等。过去都是以大卫星居多，近些年随着技术的发展，同时也出于空间安全的考虑，微小卫星以组网或组成星群星队的形式，获得越来越多的应用。同时，在卫星设计上也逐渐由平台加装有效载荷的模式向以载荷为中心设计的模式转变，追求更高的载荷／平台比。

发射侦察卫星的终极目的是获取情报信息，因而对卫星的操控和对侦察数据的处理应用是侦察卫星工程最终效益的呈现。下面我们就来看看卫星工程中的其他系统，也就是测控、发射场、运控和应用系统。

二、运筹帷幄

（一）跟踪测量

运载火箭携带卫星以 7.9 千米 / 秒的第一宇宙速度冲出地球。它是不是进入了预设轨道，从而避免成为脱缰的野马？这就要依靠测控系统了。测控，首先是"测"，据"测"来"控"，它由几十个分布在各地的测控站构成的测控网来实施。我国地域宽广，分布在国土范围的测控站基本上就能满足测控要求（也有在南美友好国家和南极建站）。

另外，对于载人航天等测控要求高的发射，还会派出"远望号"测量船前出到远洋海域，以增加测控弧段，提高测量精度。随着静止轨道中继卫星的投入使用，除了数据中继功能外，还相当于把测控站也放到了静止轨道，一颗中继卫星的测控范围几乎覆盖 1/3 的地球表面，这样就能大大扩展卫星的测控范围，十分有利于对卫星进行测控，特别是在侦察卫星发生故障实施抢救时，能将测控时间窗口延长，这种急救能力极其重要。大家在观看卫星发射直播时，听到电视里传来"东风（泰山）报告，跟踪正常"的呼号声，就是各个测控站在报告对卫星的跟踪测量情况。

对轨道的经典描述是六根数，如图 3-2 所示，它们分别回答了以下这些问题：轨道高低如何？用半长轴描述；形状是扁还是圆？用偏心率描述；轨道面在空间中的位置如何？用轨道倾角和升交点赤经描述；轨道在轨道平面内的方位如何？用近地点辐角描述；卫星在轨道上某时刻的位置如何？用真近点角描述。

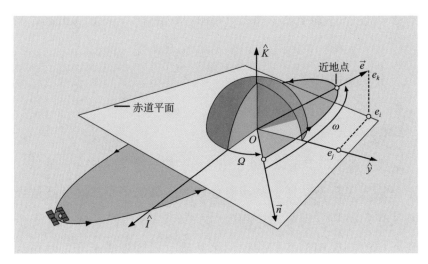

图 3-2　轨道根数示意图

　　这些轨道根数是怎么确定的？那就是测控系统的功劳了。分布在全球的测控站构成了测控网，测控站与卫星间通过无线电信号保持联系，通过测距测向来确定卫星在空间的位置。具体来说，就是通过卫星上搭载的测控终端，测量出卫星在惯性空间的位置信息，包括距离（卫星与测站距离）、方位角（与正北方向所成角度）、仰角（卫星与当地海平面所成角度），再通过复杂的解算开普勒方程计算出轨道根数。开普勒方程是解决轨道问题的理论基础，事实上，还要考虑卫星轨道摄动，它是由地球大气阻力和地球不规则形状等产生的对航天器轨道的影响，再加上受卫星迎风面设计、空间环境等因素的影响，轨道计算模型需要针对不同的卫星构形进行优化，在不同的太阳年，也需要对其轨道模型进行修正。

（二）驾驭卫星

　　卫星从完成研制生产，到发射入轨，再到投入使用，用得好才算是真的好。高科技条件下的信息化作战对侦察卫星的需求越来越多，面对众多在轨的侦察卫星装备，筹划实施高效侦察任务，就要靠运控系统来完成。

运控，顾名思义就是对卫星运行进行控制，它的操作对象是运行中的侦察卫星。那么，它如何操控卫星？怎样才是好的操控？我们先通过一个简单的目标侦察例子来了解一下卫星操控的一般流程。

假设有这样一个侦察任务：在某个特定时期，需要对某导弹阵地实施侦察，获取导弹发射的准备情况。那么，首先需要根据侦察对象的目标特性来确定使用何种类型、何种分辨率的卫星。鉴于导弹阵地的目标尺寸，有效实施侦察需要亚米级的分辨率。若光照条件良好，则首选光学星；若是阴雨或夜间天候，则优选微波星，通过这一步选出了数颗符合侦察要求的卫星。然后，根据轨道特性对这几颗卫星进行任务筹划。哪颗卫星侦察效果最好（比如侧摆角度要尽量小、光学星须避开阴雨天）？哪颗卫星访问时间最短（意味着能最快拿到侦察数据）？根据任务需求还可以安排多星重重侦察。这一步确定了用哪颗卫星来实施任务。接下来就是具体的侦察计划制定了：根据目标位置、卫星预报轨道计算确定卫星侧摆角度、星上载荷开关机时间；根据目标地物反射特性和成像时的太阳高度角，计算确定侦察载荷参数设置的曝光参数，如光学相机的积分级数和增益、合成孔径雷达载荷设置的手动增益控制（Manual Gain Control，MGC）、电子侦察载荷设置的工作频段等；根据地面站网分布或中继卫星的可见性，确定侦察数据下传计划以及地面站网的接收计划。最后这些计划被编写成指令，经由地面测控通道或中继卫星上行通道上注给卫星，卫星按计划实施侦察任务。

说来容易做起来难。对于上面这个简单问题，涉及变量少，方

"黑杰克"项目

该项目的目标是在500~1300千米近地轨道建立一个包含60~200颗卫星的星座，每颗卫星搭载一个或多个有效载荷。它通过构建一个卫星星座来满足指挥控制、情报监视与侦察、战术作战等各种需要，探索利用商业方法建造卫星星座，使星座的成本更低、周期更短、设计和建造用时更少。

程解算比较容易。但当面临多种侦察任务需要对多类卫星进行控制时，问题求解就非常复杂了。考虑到卫星研制的生产成本，合理安排好侦察计划，最大限度地发挥卫星侦察效益显得十分重要。

信息化作战对侦察卫星的需求越来越迫切，过去在地面运控系统中完成的卫星控制工作，现在正越来越多地往侦察卫星转移。部分侦察卫星具备了星上自主任务规划功能，并且注重多星配合，协同应用。代表性的例子"黑杰克"项目（第五章中对此有详细介绍），美国国防部高级研究计划局（Defense Advanced Research Projects Agency，DARPA）将"黑杰克"描述为一个"旨在展示全球低轨星座和网状网络的高军事效用的架构验证项目"。它开发了一个名为"赌场老板"（Pit Boss）的星上控制单元，实现星座自主运行能力，直接在轨进行数据处理，并将相关信息传输给地面用户。

（三）天地"传情"

侦察数据需要传到地面系统进行处理和应用。天地间的数据传输主要有两种方式：一种是卫星直接下传给地面接收站，另一种是通过数据中继卫星转发。早期大多是直接下传至地面接收站，但受站网分布的约束，数据传输量有限。为了保证高时效性，侦察卫星越来越多地依靠数据中继卫星进行侦察数据的传输。三颗定点的静止轨道中继卫星始终对低轨侦察卫星保持可见状态，从而能将侦察数据实时下传至地面，极大地提高了侦察数据传输的时效性。目前，天基通信和数据中继卫星已成为美军一体化联合作战的核心。据分析，在伊拉克战争中，美军使用通信或数据中继卫星约 100 颗，90% 的通信都需要依赖这些卫星。基于这些卫星，美军的通信带宽相比海湾战争时提高了近 10 倍，达到 2400MB/s（兆字节每秒），作战响应时间大幅缩短。

由于分辨率高、数据量大，侦察卫星对数据的无线传输具有很高的要求。首先是传输的码速率，它取决于传输带宽，根据选用的频段不同，传输带宽从过去的每秒几十兆提高到现在的每秒数千兆。同时，还要考虑传输的数据安全问题，除了加密，对波束设计也有一定要求。为了解决海量数据的传输问题，卫星所获图像数据一般会进行压缩后下传，或者随着星上处理能力的提高，在星上进行处理后只将感兴趣的区域图像下传，甚至进行目标检测识别，只提取出用户感兴趣的情报信息进行下传。这一点对于单兵作战非常有用，没有地面站的大尺寸天线限制，便携式终端就可以直接接收情报信息。图 3-3 展示了卫星典型的地面接收站。

（四）运载火箭和发射场

运载火箭和发射场是卫星工程中的两个支持系统，其中运载火箭负责将卫星送入太空中的目标轨道，发射场则是星箭升空的必备场所。

火箭依靠推进剂燃烧产生高速气体，气体和火箭之间的动量守恒产生推力，根据所携带的能量不同，有液体火箭、固体火箭、电

推进火箭等。图 3-4 展示的是典型的运载火箭构型。它
的头部是卫星，被整流罩包裹，庞大的身体是
两级或三级发动机，抑或是捆绑助推式火
箭。那么，为什么需要分级呢？道理很简
单，通常来说，一个典型的运载工具升
空时 80% 以上的质量都是推进剂，而装
载这些推进剂的容器质量自然也不可小
觑，设计师就想到一个妙招，那就
是用完一级扔一级，以此来提高
火箭的发射效率。

图 3-3　典型的地面接收站

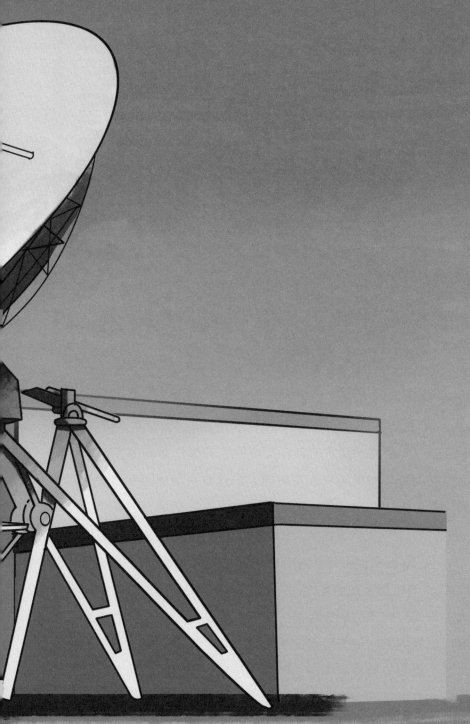

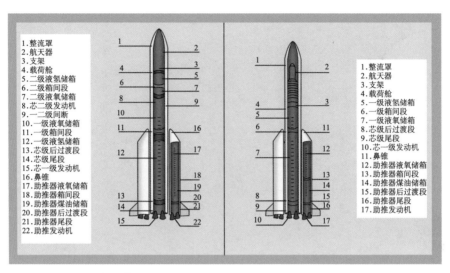

图 3-4　典型的运载火箭构型

　　发射火箭和我们燃放烟花爆竹的原理基本相同：点火后靠气体燃烧的反作用力起飞上天。依据目标轨道和卫星重量的不同，会选用不同运载能力的火箭。与航天飞机可以天地间往返不同的是，几十年来，火箭的使用都是一次性的，直到 2019 年埃隆·马斯克（Elon Musk）成功试验"猎鹰 9 号"（Falcon 9）运载火箭返回，震惊世界。

　　当然，火箭发射要求的条件比燃放烟花爆竹要高得多，关键在于卫星发射场和发射工位。发射地点的选取由地理因素和安全因素共同决定。卫星发射场地一般建在空旷少人的区域，还要根据目标轨道的特性选择合适的纬度。例如，美国的肯尼迪航天中心位于北纬 28.5°，欧洲阿丽亚娜（Ariane）航天公司的库鲁发射场则位于北纬 4°，与高纬度发射场相比，这个地理优势使得库鲁发射场具有进入地球同步轨道的明显优势。著名的卡纳维拉尔角发射场也位于纬度很低的地方，便于发射同步轨道卫星。我国有中国酒泉卫星发射中心、太原卫星发射中心、西昌卫星发射中心、中国文昌航天发射场四个发射基地，分别承担不同的发射任务，如同步轨道卫星在较低纬度的西昌卫星发射中心发射，低倾角逆行太阳同步轨道卫星则在较高纬度的中国酒泉卫星发射中心和太原卫星发射中心发射。

发射场主要包括指挥、测试、通信、气象和技术勤务保障等系统，负责发射试验任务的组织指挥，以及运载火箭和卫星在发射场的测试、加注与发射。发射场一般包括技术区和发射区。卫星和火箭在技术区进行总装测试与发射前的合练，然后被运输至发射区，待完成卫星和运载火箭的吊装与燃料加注后，最后在发射窗口进行点火，火箭带着卫星一飞冲天，进入预定轨道，开始实施侦察任务。

在商业航天如雨后春笋般发展的今天，发射场已然成为全民心向往之的旅游热点（图3-5），特别是在暑期，作为中小学生科普和爱国主义教育示范基地，这里每年都吸引众多学生前来参观，接受爱国主义教育。随着科学技术的不断发展，不依托固定发射场的机动发射也开始出现，代表性的例子是将发射车机动运输到适当位置来发射固体火箭，这样不仅安全性高，而且可以达到快速入轨的目的。

卫星一旦入轨，星地侦察系统就开始工作了：在地面运控系统操控下，卫星就像一个万能盒子，实施精准的侦察成像，数据下传到地面进行处理和判读解译，生成最终的数据和情报产品。

三、看图识"字"

（一）复杂的工序

成像侦察卫星获取的数据下传到地面，经过接收和处理后，生成图像和情报产品，由此形成一个完整的侦察过程。

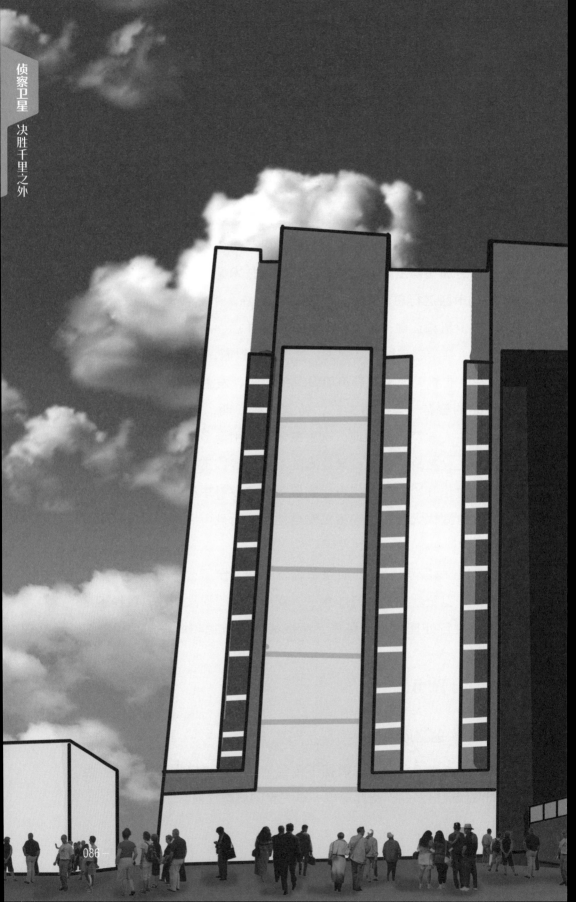

图 3-5　发射场和参观发射场的人们

　　地面处理的主要内容包括：接收站接收下传的数据，首先进行解调、解密、解格式处理，然后结合卫星辅助数据实施预处理，其中，辐射校正用以把相机多片 CCD 的输出数据进行辐射度的校正，几何校正用以把每一帧侦察图像给予准确定位，从而生成标准化产品以供后续应用处理。应用处理则包括各类高级产品的生成，如情报人员的判读解译和综合研判生成的各类目标情报。图 3-6 是典型的成像侦察数据处理流程。

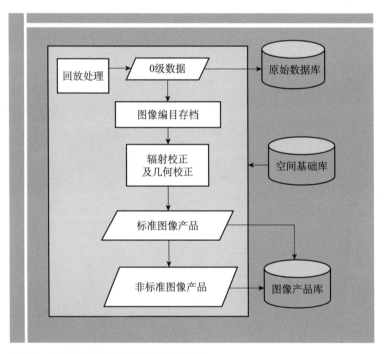

图 3-6　典型的成像侦察数据处理流程

　　信息处理的产品有着通用标准。一般来说，未经处理的原始数据称为 0 级产品，经过辐射校正处理的称为 1 级产品，经过几何校正后的称为 2 级产品，经过专题处理的称为高级产品。

　　不同类型的侦察卫星的地面处理流程大致相同。因此，同一套处理系统会用来接收处理各类侦察卫星，只需要针对卫星和载荷特性进行一些适应性改造即可。好的处理系统能提升侦察图像质量，同时，星地一体化的设计在某种程度上也能减轻卫星设计的压力。

（二）浓缩的精华

耗资巨大的侦察卫星系统工程，其目的只有一个：获取敌方或感兴趣区域的情报信息。那么，卫星获取的侦察数据是如何变成有效的情报信息的呢？这就涉及侦察卫星数据应用的另一个关键环节——信息解译。

对成像侦察卫星来说，这个过程就是图像解译。图像解译需要专业的判读员来完成。一幅卫星图像，普通人看到的是山川河流房屋建筑，判读员却能看到山体掩饰下的弹药库或是混杂在城镇建筑中的指挥所。那么，判读员的火眼金睛是怎样炼成的？说千锤百炼一点儿也不为过。他们既需要掌握成像基本原理，熟悉目标特性，更需要通过长期的积累培养图像分析的综合技能。

第一次世界大战期间，美军率先使用了航空侦察装置，图像解译也如影随形登上了历史舞台，成为不可或缺的重要环节。美军对培养专业判读员的重视程度不亚于研发侦察装备。

正如它的名字所表达的一样，图像解译的内涵包括两方面：一是解，二是译。解的过程就是读图的过程。目视解译首先是基于影像特征，即根据图像中物体的大小、形状、纹理、阴影、物体的相互位置关系等信息，判断物体性质。为了认识地物及其属性，一般有几种方法：根据影像特征的直接判断法、不同时相和不同传感器相互比较的对比法，以及通过物体内在联系来间接判读的逻辑推理

国家图像解译度分级标准

以可见光侦察来说，它将信息可提取程度分为9级。以一架飞机为例，在1级图像上，可辨别大型机场的跑道；在3级图像上，可确认各种大型飞机；在4级图像上，可确认大型战斗机；在7级图像上，可确认战斗机的流线型外壳；在8级图像上，可确认轰炸机上的铆钉线；在最高的9级图像上，可确认飞机蒙皮紧固件是一字形还是十字形螺帽。

法。其实逻辑推理法就已经进入"译"的阶段了。显然，分辨率越高，越有助于情况判读。从侦察图像中能提取何种有用信息，一直是军方用户关注的重点，它直指对信息提取性能的估计。对图像可解译度的度量一直是个难题，直到20世纪70年代，在美国图像分辨率与报告标准（IRARS）委员会的赞助下，政府和承包方开发了"国家图像解译度分级标准"（NIIRS）。NIIRS实质上是一个量表，它就像一把尺子，可以衡量出一幅图像所能提供的侦察信息。经过几十年完善，形成了军用、民用、可见光、红外、合成孔径雷达系列标准，并成为全球公认。

既然大家都关心从图像中能获取什么，那么影响图像信息量的主要因素有哪些呢？我们所看到的NIIRS等级，是直接与图像分辨率（比例尺）相关的。理论上来讲，图像分辨率越高，意味着对目标的采样间隔越小，地物目标的细节显示越丰富，图像所包含的信息量也就越大。除此之外，它还与图像质量有关。在相同的地面采样距离下，图像质量越高，其细节显示也就越好。图3-7给出了在不同分辨率等级下对典型的20种目标的识别确认能力。

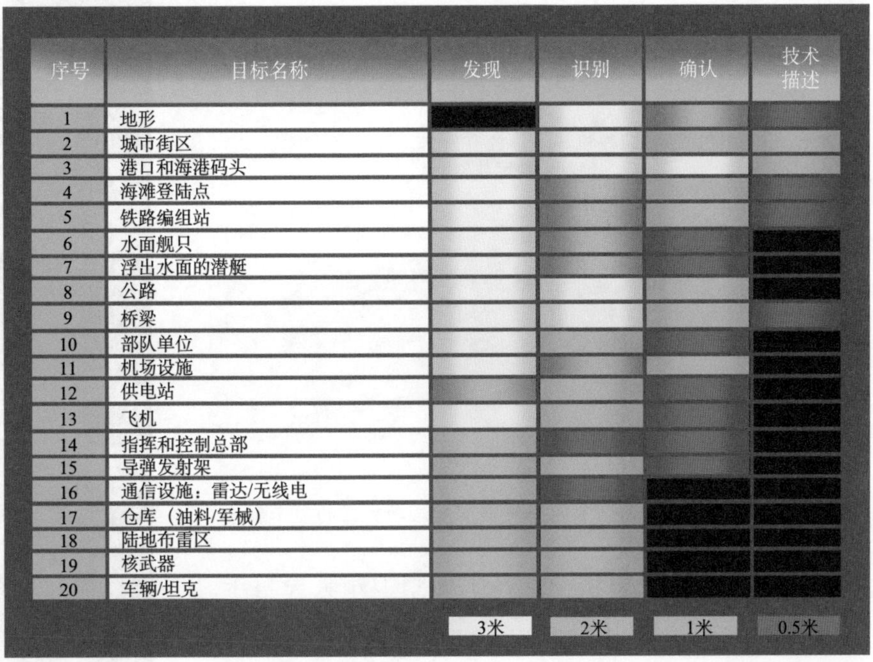

序号	目标名称	发现	识别	确认	技术描述
1	地形				
2	城市街区				
3	港口和海港码头				
4	海滩登陆点				
5	铁路编组站				
6	水面舰只				
7	浮出水面的潜艇				
8	公路				
9	桥梁				
10	部队单位				
11	机场设施				
12	供电站				
13	飞机				
14	指挥和控制总部				
15	导弹发射架				
16	通信设施：雷达/无线电				
17	仓库（油料/军械）				
18	陆地布雷区				
19	核武器				
20	车辆/坦克				

3米　2米　1米　0.5米

图 3-7　不同分辨率等级下对典型的 20 种目标的识别确认能力

我们从该章首页的东方明珠广播电视塔卫星影像图可以看到，城市景观显示清晰，还可以通过阴影测算建筑物高度。随着人工智能（AI）技术的发展，计算机辅助解译也越来越多地应用于侦察卫星的应用处理，一方面提高了处理速度，另一方面能够深度挖掘卫星获取的海量信息。

（三）从太空能看到什么

空间分辨率用于表征发现识别目标的能力，从判读学角度来说，分为发现、识别、确认、技术描述 4 个等级。图 3-8 给出了不同分辨率下对活动兵器的显示程度。

举个例子。2012 年朝鲜发射"光明星 3 号"卫星，轰动全球，

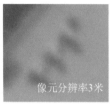

像元分辨率3米

3米像元分辨率图像可
发现停机坪上有目标

2米像元分辨率图像可判
明停机坪上停放有歼击
机，但难于确定其型别

像元分辨率2米

1米像元分辨率图像可
判明飞机型别（歼-8）

像元分辨率1米

图 3-8 不同分辨率下对活动兵器的显示程度

为准确掌握发射进展状况，各国侦察卫星大显身手。
为了准确判断火箭发射时间，须掌握火箭进场、组
装测试、燃料加注等发射准备的情况。当发现专用
站台和组装测试厂房同时出现车辆活动，并伴随大
型火箭运输车转移时，说明处于火箭进场阶段；当
发现发射塔回转平台打开，火箭起竖于发射台，消
防车、救护车在加注设施附近待命时，可判断火箭
处于燃料加注阶段；当车辆撤离发射场坪，回转平
台全部打开，说明已经进入发射倒计时状态。通过
对火箭箭体各级连接部位进行详查，可以掌握火箭
助推级数和运载能力，从而推测出火箭携带弹头的
打击范围和威胁能力。在不同的阶段对这些动向的
掌握，是需要不同的分辨率来保障的。

图 3-9 0.5米分辨率卫星影像图（美国诺福克海军基地）

看到这里，我们就可以回答第二章开头提出的那个问题了：从太空中的卫星上能看清地面上《人民日报》的标题吗？

图 3-9 和图 3-10 显示了商业卫星米级分辨率下海军基地和空军基地这种大型军事目标的影像，至于最先进的侦察卫星能看到什么程度，只能靠读者自行"脑补"了。以美军最先进的 KH-11 卫星来说，按照其达到大气衍射极限的 0.1 米分辨率，可以分辨出地面上间隔 20 厘米的两个点。所以，理论上可以从太空中看到地面上的人手中摊开的物体，不过到底是《人民日报》，还是《纽约时报》，抑或是一块布就不得而知了。

图 3-10　0.5 米分辨率卫星影像图（新加坡樟宜空军基地）

四、听音辨"行"

前面我们讲到较多的都是成像侦察卫星，接下来看看电子侦察卫星。

（一）交错的脉冲序列

不同于光学或微波卫星对目标进行侦察成像，电子侦察卫星是截获目标的雷达信号（一般为脉冲调制信号），其有效载荷为电子侦察接收机，它完成雷达脉冲信号的检测，测量出载波频率、脉冲宽度、调制类型、信号到达时间，以及不同天线接收到同一个脉冲信号的时间差或相位差等信息，形成每个脉冲的描述字，再下传到地面进行处理。

雷达信号处理一般分为信号分选、定位和识别三个环节。电子侦察卫星的瞬时覆盖范围可以达到几千千米，因此接收机在较短时间内会接收到数百甚至成千上万个目标发射的雷达信号，这些脉冲调制信号按照接收时间先后交错在一起，表现为错综复杂的脉冲序列。因此，雷达信号处理首先要做的就是如何从交错的脉冲序列中将不同目标的脉冲信号分选出来。雷达信号分选可用到的信息包括脉冲基本参数（载波频率、脉冲宽度、调制样式）和脉冲到达时间间隔，其中脉冲参数中体现目标位置的信息（如相位差、时间差等）对于信号分选具有重要作用。

完成信号分选后，针对每一个目标的脉冲序列，利用单星或多星定位算法，就能解算出目标的位置。

目标位置确定后，下一步工作就是基于目标参数特征和位置信息，对目标识别后进行个体的确认。雷达辐射源的识别又可分为型号识别和个体识别（或指纹识别）。型号识别主要是基于辐射源的参数特征和已知雷达型号的参数特征进行匹配，将辐射源与特定雷达型号相对应。个体识别需要基于雷达脉冲的脉内、脉间等细微特征进行分析，得到可以区分同一型号雷达中不同个体的"指纹"特征，有点儿类似于通过人的指纹特征进行个人身份识别，因此也可称为指纹识别。

（二）复杂的通信信号

通信信号传输的信息种类较多，包括语音、数据、图像、文字等。调制方式也繁多，包括模拟调制、数字调制、扩频调制、时分复用、频分复用、码分复用等。通信信号的信道间隔小，并且连续波信号和猝发信号交叠，不同通信设备的发射功率差别很大。因此，在较窄的频率范围内通常交叠着各种各样的通信信号和干扰信号，比雷达信号环境更复杂。对通信侦察系统来说，需要从接收到的微弱信号和噪声中检测出感兴趣的通信信号进行处理。通信侦察信号的处理过程大致可分为信号检测与分离、信号参数测量、调制样式识别、信号解调与解码、内容解密等。

在电子侦察接收机的工作带宽内，一般会有多个通信信号和噪声混叠在一起。因此，通信信号处理首先要做的就是从噪声中检测出通信信号，并粗略地估计出信号的频率、带宽等参数后，将多个信号分离，然后对每个信号进行精确的参数测量。对于不同调制样式的信号，用于描述其特征的参数也是不同的，如模拟调制信号的参数包括载波频率、信号电平、带宽、调幅度、调频指数等；用于描述数字调制信号的特征参数除了载波频率、信号电平、带宽等通用参数外，还包括码元速率、符号速率等。

调制样式识别就是基于信号在时域或变换域的某些参数特征来确定信号的调制样式，为通信信号的解调提供依据。得到了信号的调制样式和参数后，就可以从调制信号中恢复出发送的消息，这一过程就是解调。

对于采用模拟调制的话音，解调后就得到了发送端发出的话音，如同我们的收音机一样。对于数字调制的通信信号，在完成信号解调后并不能得到传输的原始信息，还需要开展信号解码和内容解密，才能恢复原始通信内容，进而通过分析得到进一步的通信信息。

第四章

决胜千里

知彼知己者，百战不殆；
不知彼而知己，一胜一负；
不知彼，不知己，每战必殆。

——孙武

日本横须贺海军基地卫星影像图

　　侦察卫星以"上帝视角"俯瞰战场，为作战指挥和武器平台提供最新情报信息支持，系统流程非常复杂。随着航天技术的快速发展，侦察卫星的应用从战略侦察拓展到战役、战术应用，是名副其实的"战略哨兵"和"战场卫兵"。

　　侦察卫星从传感器到射手一般经过 7 个环节：需求分析、任务规划、指令编制及上注、数据接收、信息处理、情报分析、分发应用（图 4-1）。

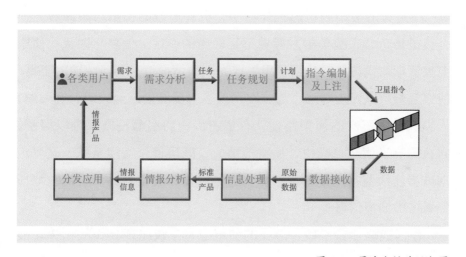

图 4-1　星地全链路运行图

　　需求分析：收集各类用户提交的侦察需求，通过分析形成侦察任务；任务规划：统筹考虑侦察卫星的性能和地面数据接收、测控资源情况，根据侦察任务优先级，制定侦察计划；指令编制及上注：根据卫星侦察载荷、数据传输等特性，按照指令模板编制卫星控制指令，通过测控链路发送至卫星，卫星按照指令开展侦察；数据接收：地面数据接收站（中继卫星）按照接收计划，设置接收传输设备参数，跟踪锁定侦察卫星，按时接收卫星下传侦察数据；信息处理：对侦察数据进行格式解析和信息还原，生成标准数据产品；情报分析：对标准产品进行多维度分析，判明敌方作战意图、目标状态等情报信息；分发应用：向各用户及武器平台发送情报信息，应用该信息开展行动。此外，为了保障侦察卫星运行，还需要对卫星进行测定轨，要定期对侦察载荷进行标校等。

一、战略哨兵

在经典的战争题材影视作品中，机智勇敢的侦察兵演绎着一个个英雄传奇，在战争中发挥着举足轻重的作用。信息化时代，侦察卫星逐渐取代传统的侦察手段，成为获取情报信息不可或缺的工具。侦察卫星可以对全球陆、海、空、天、电多域进行全天时、全天候、大纵深、多层次的侦察监视，有了它，一切军事设施都难以保密。它轨道高，侦获目标快，侦察范围大，既可普查监视全球，又可定期或者连续监视指定地区，以"上帝视角"观察着一切，机敏地搜集着各类情报信息。

作为战略侦察手段，今天的侦察卫星不仅是现代作战指挥和战略武器系统的重要组成部分，甚至还是国际核查军备的主要手段。

（一）太空间谍

在第一章中，我们讲述了侦察卫星的前世今生，侦察卫星诞生之初就是用于代替高空侦察机来探明对方军事实力的"太空间谍"。冷战期间，"太空间谍"最为活跃。1955年，赫鲁晓夫曾经利用航空表演精心"导演"了一场骗局：让苏联仅有的18架战略轰炸机分多次以不同组合的队形飞过莫斯科河上空，引诱观看表演的美国驻苏联大使馆空军武官查尔斯·泰勒（Charles Taylor）误以为苏联已经有多架新型战略轰炸机，他当晚就急电美国总统艾森豪威尔汇报"苏联的新式战略轰炸机要比美国空军的同类飞机多4倍"。除了战略轰炸机差距的骗局，苏联还制造了导弹差距的假象。1960年前，美国综合各方情报估计当时苏联已经拥有数百枚洲际弹道导弹，因为忌惮，在军事外交上一直处于被动地位，直到1960年美国发射的"发现者14号"返回式光学成像侦察卫星成功回收了卫星拍摄的苏联军事部署的照片。自此以后，美国不断发射类似卫星，取得了大量有价值的情报资料：苏联重要的军事机场、导弹发射阵地、战略轰炸机的数量等信息通过情报判读人员解译卫星照片一一呈现出来。美国最初以为苏联有400枚洲际弹道导弹，后来发现只有120枚，随着卫星照片的不断增加，到1961年9月，最终确认苏联只有14枚洲际弹道导弹。此时，美国才恍然大悟，原来真正的导弹差距并非自己，而是在苏联一方，他们把关键的几张卫星侦察照片拿给苏联外交部部长安德烈·葛罗米柯（Andrei Gromyko）时，可想而知当时苏联相关人员难堪的画面，以及美国人趾高气扬的表情，美国也借此在国际政治舞台上顺利翻盘。由此可见，侦察卫星对国际政治、军事、外交形势变化发挥着重大的作用。

在朝鲜半岛核导危机中，美、韩的侦察卫星也严阵以待。相比空中侦察机，沿轨道运转的侦察卫星不能长期连续监控目标，但卫星图像仍是判断地面动态的重要依据。除了美国著名的"锁眼"等侦察卫星外，韩国近年发射的"阿里郎"（Kompsat）系列卫星的观测分辨率可达1米，具备监控朝鲜重要战略目标的能力。朝鲜的东仓里卫星发射场、咸镜北道吉州郡丰溪里核试验场和部署"舞水端"

导弹的江原道元山地区被美、韩列为重点监控目标。美国的导弹预警卫星 24 小时监视朝鲜半岛全境，理论上讲，只要朝鲜导弹一点火，美国的导弹预警卫星就能通过红外系统准确识别，并在第一时间将导弹信息通报给美国国防部及其盟友。

有人可能会疑惑，朝鲜核试验都在地下进行，美、韩是如何利用侦察卫星发现并做出预判的呢？从公开资料中不难发现，卫星图片中其实并没有地下核试验的直接证据，而是情报分析人员通过对大量的各个时间点的核试验场卫星图片对比分析出来的，可谓是从蛛丝马迹中找到一些间接证据。这些证据有可能是可疑车辆和人员活动痕迹、运输途中的不明装备，也有可能是大型车辆经过留下的车辙甚至是积雪清扫痕迹等。2006 年，美国正是通过"锁眼"卫星发现位于朝鲜东北部咸镜北道吉州郡丰溪里的一处地下设施周围摆放了大量电缆（这些电缆可用于连接地下基地和外部观测设备），且有可疑车辆出没，据此推断朝鲜正在进行核试验前的准备工作。

同样受到美国侦察卫星"青睐"的还有伊朗。2019 年 8 月 30 日，美国总统特朗普（Trump）在推特（Twitter）上发的一条推文在全世界引起轩然大波。该文主要针对伊朗火箭发生事故进行了评论，并表示美国与该事故没有关联，向伊朗致以慰问。特朗普还展示了一张事故发射场的照片，这是一张出自侦察卫星这一"太空摄影师"之手的图片（也有部分专家认为是无人机拍摄），上面清晰可见运输和架设火箭的卡车、损毁的发射塔以及塔边上的火箭残骸，发射场边上的波斯文"国家财产"的字样在图上清晰可见。很多专家对这张图片进行了认真分析，认为卫星成像的分辨率为 10 ～ 20 厘米。这无疑是美国向全世界公开了其在侦察卫星分辨率上的超级"黑科技"。可想而知，游走在太空的"间谍"的"视力"越来越好了。

（二）逆转战局的卫星

1973 年 10 月 6 日，埃及和叙利亚在以色列战备最脆弱的时刻发动了第四次中东战争，阿拉伯联军的突袭导致以军损失惨重。

从联军进攻以色列开始，美国国家侦察局（National Reconnaissance Office，NRO）就调集所有卫星资源，对关键地域实施侦照。KH-9 作为当时美国侦察卫星的主力型号，每日对西奈半岛和戈兰高地阿拉伯联军战场进行侦察，成像数据被源源不断地传至美国国家侦察局。情报判读人员日夜不停地展开判读工作，整个战场态势很快就呈现在美军情报官的桌面上，当然也迅速地传至以色列军队的指挥官手中。卫星图片清晰地展现了埃及军队的部署情况，笼罩在中东上空的战场迷雾被驱散了，战场对于以色列来说已经单向透明。负责反击的以军指挥官正是沙龙（Sharon，2001 ～ 2006 年担任以色列总理），也正是这次反击战让他一战成名。在沙龙组织的作战会议上，卫星图片成了绝对的主角，通过仔细研究埃及军队的部署，沙龙等很快找到了大苦湖北边附近的阵地是埃及第二军团和第三军团的交界处，也正是埃军战线最薄弱的部分。很快，以军便利用这个缝隙打入了苏伊士运河，同时包围了埃军第三军团，逆转了整个战局。

第四次中东战争的硝烟已经淹没在历史的长河之中，但是侦察卫星从战略走向战场和战术的应用之路就此拉开了帷幕，侦察卫星的光芒也开始越来越耀眼。自此之后，每当发生战争或即将发生战争，侦察卫星都成为首选的武器。

二、战场卫兵

美军侦察卫星的作战应用已延伸覆盖至一线作战部队和武器平

台，在近几场局部战争中，侦察卫星提供了 70% 以上的战略战术情报。因此，美国太空军司令约翰·雷蒙德（John Raymond）称"失去航天的支持，美军已无法作战"。

侦察卫星的应用贯穿于整个作战行动的始终（图 4-2）。作战前，通过光学、雷达等成像卫星以及电子侦察卫星，多手段、长期、持续地对作战地区进行侦察监视，全面掌握敌方的作战部署、作战序列、武器型号等情况，为后续实施战场行动奠定基础。作战中，光学、雷达成像卫星星座高频次过顶侦察，确定目标动向，电子侦察卫星和海洋监视卫星持续监视定位提供打击窗口，导弹预警卫星监测敌方威胁目标，最后再次确认打击时机，实施打击。作战后，卫星成像图片佐证作战效果，实施打击效果评估。侦察卫星完成战场态势监视、目标动向侦察、战场核查和打击效果评估等任务，它们是名副其实的战场卫兵。在海湾战争中，美国首次全面使用侦察卫

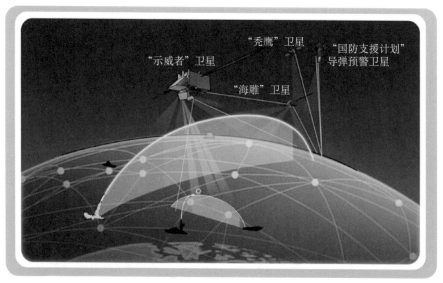

图 4-2　侦察卫星支援作战全景图

星及其他航天信息系统支持陆、海、空三军作战，为赢得战争胜利发挥了决定性作用。

（一）图电融合

让我们回到海湾战争爆发的前夕。1990年7月29日，美国"军号"电子侦察卫星发现伊拉克与科威特边境地区的苏制"高国王"（Tall King）雷达在停用数月后突然开机使用。美国的情报分析专家根据当时的形势，分析认为伊军将对科威特有所行动，立即紧急调用成像侦察卫星对海湾地区实施高频次侦察，清楚地监视到伊拉克的军事力量正向科威特方向集结。美国国防部根据各地情报控制中心搜集到的情报进行综合分析，判定伊军正在对科威特发动一场不宣而战的进攻。与此同时，美国国防部向总统、国会和海内外的驻军发出了伊拉克入侵科威特的警报。正如美军所预料的那样，1990年8月2日凌晨，伊拉克越过了科伊边界，伊拉克共和国卫队三个师越过科威特边境发动了进攻，一场持续半年之久的海湾战争全面爆发。

电子侦察和成像侦察卫星联手精准预判了战争的爆发，虽然只是在情报层面的联合应用，但效果却是"一加一大于二"的，这也是图电融合应用的雏形。电子侦察卫星的侦察覆盖范围大，侦察目标多且定位快，不受气候影响，但属于被动侦察截获敌方雷达信号，定位误差大。成像侦察卫星侦察幅宽窄，但定位精度高。若没有引导信息，成像侦察卫星漫无目的地侦察就犹如大海捞针，很难获取有用的信息，因而电子侦察的引导信息让成像侦察卫星更具有针对性。光学和雷达成像侦察卫星组合使用，能真正实现对特定目标的全天时覆盖。

（二）群星荟萃

在 2003 年的伊拉克战争中，美国各型侦察卫星（表 4-1）都得到了广泛应用，提供的侦察与监视情报占总数的 80% 以上，大大提升了战场态势感知的能力，形成了绝对信息优势下的非对称作战。

表 4-1　美军在伊拉克战争中动用的侦察卫星

卫星种类	数量 / 颗	作用
高级"锁眼"侦察卫星（KH-12）	3	装有可见光和红外遥感器，现役 3 颗，轨道高度 248 千米 ×992 千米，轨道倾角 97.9°，可在不同光照条件下对伊拉克地区重复观测。3 颗卫星同时使用可实现立体成像。这些卫星可提供 0.1 米分辨率的图像，红外相机可实现夜间成像，对轰炸效果可进行更为精确的评估。卫星通过对其飞行轨迹东西两侧的成像，使 7 ～ 10 千米的观测幅宽有较大扩展
"长曲棍球"侦察卫星	3	3 颗"长曲棍球"侦察卫星，轨道高度 680 千米，分辨率 1 米。不论夜晚还是云雾天气，甚至可穿过树木，进行全天候战损评估。这种卫星可识别地面部队和移动式地对空导弹系统
"8X"增强型光学成像系统卫星	1	与以前卫星最大的不同是轨道的机动能力较强，观测幅宽增加到 150 千米 ×150 千米，重访周期大大缩短
电子侦察卫星	15	主要用于侦听接收雷达、通信等电子系统所辐射的电磁信号和战略武器试验的遥测信号，并测定这些辐射源的地理位置
商业遥感卫星	2	主要使用了 1 颗"伊科诺斯"（Ikonos）卫星和 1 颗"快鸟 -2"（QuickBird-2）卫星，用于侦察和制图

美军动用了 70 多颗各类侦察卫星在伊拉克上空"你方唱罢我方登场"，对伊拉克的军事行动进行密不透风的监视，确保美英联军拥有绝对的信息优势。其中不乏各路"明星"：包括 5 颗"国防支援

计划"预警卫星，有 2 颗负责全时蹲守监视伊导弹发射，以 30 秒间隔向地面发送电视图像，为"爱国者"反导系统拦截伊军导弹提供了重要预警信息。另外，"3+3+X"（3 颗 KH-12 光学成像卫星、3 颗"长曲棍球"雷达成像卫星、1 颗增强型光学成像系统卫星以及"伊科诺斯 -2"等商用遥感卫星）的空间成像侦察系统综合利用可见光、红外与微波成像的能力对伊拉克保持间隔不少于每两小时一次的严密监视，成为美英联军监视伊拉克战场、打击目标选择和打击效果评估的主要装备。在电子侦察卫星方面，美军使用了 3 颗"入侵者"电子侦察卫星和 12 颗第二代"白云"电子型海洋监视卫星，其中后者已与 KH-12 和"长曲棍球"卫星组网，可每天监视南、北纬 64.3°之间的地带 30 多次，同时对伊境内的无线电信号进行监测，帮助寻找萨达姆·侯赛因（Saddam Hussein）等伊高层领导人的藏身之处和伊军的重要指挥控制中心，为空袭提供打击目标。

（三）压倒性的"制天权"

在伊拉克战争中，美军凭借其强大的侦察卫星系统，自始至终全面掌握了伊拉克防空系统的部署情况，并实时了解伊拉克防空部队每隔 4～5 个小时变换防御位置的动态情报。伊拉克战争期间，共获取了 42 000 幅战场图像，提供了 2400 小时的信号情报、3200 小时的任务录像、1700 小时的移动目标指示。伊拉克战争再次体现了侦察卫星对一体化作战行动的强大支持。

在伊拉克战争中，侦察卫星除了提供大量的战场情报外，其为导弹等火力单元提供打击移动目标指示的战术应用也格外亮眼。这就是信息火力打击，是指以信息系统为支撑，协调一致地运用诸军兵种火力，直接达成战略、战役、战术目的的作战样式。它充分发挥了体系作战优势，是体系作战的主要样式。侦察卫星是天基信息支援力量的重要组成部分，不仅能够对陆上移动目标提供目标指示，更是实施海上精确打击的重要信息来源。

三、超级海洋盗密者

"善攻者，动于九天之上。"经略海洋、维护海权，关注战略通道和海外利益安全，海战场从来都是强国关注的重点。海洋监视卫星作为窥见海上军事活动的重要手段，不断提供着宝贵且丰富的海战场情报信息。"耳目双全"的海洋监视卫星能够掌握海上大中小型舰船目标活动、重点区域海上力量部署调整、舰船目标活动变化等情况，为海上军事行动提供战场态势信息及中远程精确打击武器高精度目标指示。与陆、海、空基探测手段不同，海洋监视卫星具有更广阔的覆盖区域和更长久的监视时间，同时不受空域国界和地理条件限制。

海洋监视卫星也是侦察卫星家族中最神秘的成员之一，目前还没有有关它是如何支援对海打击的公开报道，但也并非无迹可寻。美国国防部提出了"先进概念技术验证"（ACTD）计划，具体内容就是战术导弹能直接下载美国国防部的卫星侦察数据以支持其快速打击目标。在美军的"作战响应空间"（ORS）计划中，2009年发射的"战术星-3"（TacSat-3）卫星可在10分钟内完成从战术用户提出需求到卫星进行侦察、处理并将情报数据传输回用户终端的全过程。2011年发射的"作战响应空间-1"（ORS-1）卫星可将上述操作过程的耗时控制到6.5分钟以内，可见"作战响应空间"计划已经成功验证了侦察卫星对导弹等武器系统的战术支援能力，实现了从传感器到射手的直接铰链。

（一）从传感器到射手

我们不妨一起进行一场头脑风暴，试想一下侦察卫星是如何支援对海打击作战的？虽然，海上舰船有茫茫大海作为天然的屏障，但为了保证航行和自身安全，它不得不与外界通过电磁波进行联系，海洋监视卫星如同猎手一般对海上目标进行识别、引导、打击评估，动作可谓一气呵成。

海洋监视卫星中的电子侦察卫星和宽幅天基雷达以数千千米的幅宽在天际中持续巡弋，一旦在海上捕捉到可疑的移动目标，就会将目标经纬度发给详查成像卫星进行识别与确认，至此，目标已被海洋监视系统收入囊中。

当要对海上目标实施打击时，依据所属海域筹划卫星的开机时间和模式生成指令，海洋监视卫星根据上注指令在指定目标海域上空开机，执行侦察任务，获取海战场信息（包括舰船目标的位置等参数）并下传侦察数据，数据接收站直接或通过中继卫星节点接收下传的卫星侦察数据，并同步传输至数据处理中心，数据处理中心对数据进行处理后形成海上态势并分发至指挥所。

指挥所根据任务目标、作战原则、海上态势等要素进行判断并定下作战决心，形成目标打击指示信息后分发至相关的海上作战平台，平台依据指挥所的决策和目标打击指示信息，发射反舰导弹对海上舰船目标实施精确打击，根据后续海洋监视卫星过顶被打击目标情况制定侦察计划，实施打击效果评估（图 4-3）。

在打击舰船等移动目标过程中，为反舰导弹提供高质量的目标指示信息是实施海上精确打击的关键。能否命中目标，一要看侦察卫星这个太空"瞄准镜"的精度，二要看目标指示信息到达反舰导弹的时间。

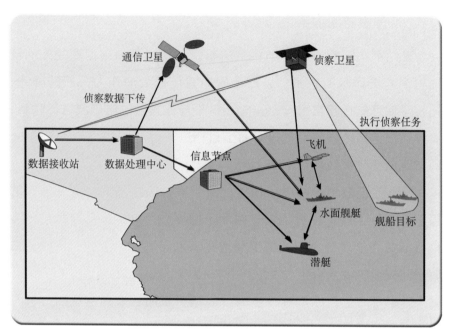

通信卫星　　　　　侦察卫星

侦察数据下传

执行侦察任务

数据接收站　　数据处理中心　　信息节点　　飞机

水面舰艇

舰船目标

潜艇

图 4-3　侦察卫星支援对海打击的典型作战过程

（二）争分夺秒

目前，用于海洋目标侦察与监视的卫星系统的定位精度一般为千米量级，如美国"白云"系列为 2 ~ 3 千米。反舰导弹的飞行速度是固定的，海上目标移动速度也基本稳定，为了精确命中目标，缩短目标指示信息的全链路时间是当前最主要的任务之一。上文我们提及美军的"作战响应空间"计划，2009 ~ 2011 年，经过两年多的努力，其成功使战术用户从提出侦察需求到接收到目标指示信息的全流程时间缩短了 3.5 分钟，效能提升了 35%。可想而知，其打击命中率也必然有大幅的提升。

侦察卫星不仅在传统战场和信息化战场上散发着耀眼的光芒，在反恐战争中也立下了汗马功劳。

四、反恐利刃

一个神色慌张的恐怖分子，疾走在人头攒动、熙熙攘攘的美国街头，突然在街角停住脚步，拿出移动电话小声地说着什么。与此同时，美国中央情报局控制中心的大屏上，电子侦察卫星下传了截获移动电话的调制波形，锁定了恐怖分子的坐标位置，操作人员熟练地操作着电脑，不到两分钟，大屏上就显示出了成像卫星实时拍摄的街景照片，通过放大聚焦后，清晰地看见了通话之人。

"目标锁定！"

此时，恐怖分子似乎发现了什么，迅速挂断了电话，开始在大街上狂奔起来。另一端美国中央情报局控制中心大屏上的卫星影像对其进行了实时追踪，他的一举一动尽在掌控之中。

"发动攻击！"

口令发出不一会儿，奔跑在大街上的恐怖分子已被无人武器击中，倒在血泊之中。

上面的一幕我们经常在好莱坞影片中看到，侦察卫星如同"上帝之眼"一样无处不在，那事实又是怎样的呢？虽然影视作品中的情节有艺术夸张的成分，但是说侦察卫星是恐怖分子的"催命符"一点也不为过。

（一）震惊世人的"9·11"

2001 年 9 月 11 日，一个美国人最不愿意提及的日子，位于纽约的世界贸易中心在这一天变成废墟。10 月 7 日 13 点左右，美国总统布什（Bush）宣布，美、英两国已经开始对阿富汗塔利班当局军事目标和伊斯兰极端主义分子本·拉登（Hamza bin Laden）的卡达训练营进行军事打击，反恐战争就此爆发。在反恐第一线，美军的侦察卫星一直发挥着重要的作用。

2003年3月1日的凌晨，"9·11"事件的策划者、"基地"组织第三号人物哈立德·谢赫·穆罕默德（Khalid Sheikh Mohammed）在巴基斯坦小城拉瓦尔品第的一幢普通砖瓦房中被捕。据了解，哈立德原本从不使用座机与外界联系，并经常更换手机号码，但可能是日久疏忽并且低估了技术侦察的威力，他的一名助手没有及时更新手机号码。更大意的是，他在通信中频频提到"Fahd bin Adballah bin Khalid"，这是哈立德的化名之一，位居美国联邦调查局（Federal Bureau of Investigation，FBI）"十大最想活捉的人"榜单。这一通电话，被美国"水星"电子侦察卫星（图4-4）截获并锁定。这颗号称美国"太空之耳"的电子侦察卫星，配备有新型

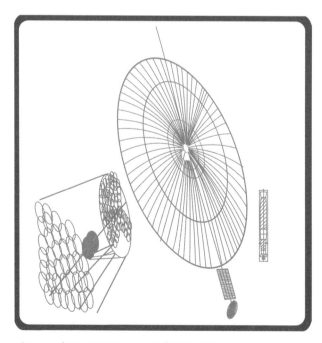

图4-4 美国"水星"电子侦察卫星示意图

军用特种天线，长约 100 米，能有效侦听低功率手持机通信，它还是准同步轨道电子侦察卫星，静静地在巴基斯坦上空支起一张密不透风的信息网。

哈立德万万没有想到，一通电话、一个名字、一颗卫星，竟让他身陷关塔那摩监狱十余年，而且面临死刑的判罚。更让哈立德没想到的是，本·拉登也同样因这张"星"网被捕。

（二）难逃"星"网

哈立德的被捕使本·拉登成了惊弓之鸟，一瞬间，他好似从人间蒸发了一般，成功躲过了多次搜捕。为了规避美国国防部的全方位电子侦测，本·拉登只能藏身在没有电话和网络的隐秘角落，只相信自己的信使，并利用他们对外进行单线联系，这让美国中央情报局大为苦恼。但巧合的是，最后正是这些信使暴露了本·拉登的行踪。

历史总是惊人的相似，2010 年 8 月的一天，美国电子侦察卫星的大网终于捕获了本·拉登信使科威特的蛛丝马迹。也正是一通电话，确定了他的身份。一方面，美国调用了包括多型电子侦察卫星在内的所有电子侦察手段，严密监控科威特的一切通信记录；另一方面，启用了包括各型成像卫星在内的跟踪手段对其进行跟踪，最终定位到一幢位于巴基斯坦阿伯塔巴德的别墅。部署在巴基斯坦和阿富汗上空的美军侦察卫星不眨眼地关注着疑似本·拉登住宅附近的情况长达半年之久。情报人员发现了这座特别的建筑物，其大小约为该区域其他房屋的 8 倍，没有任何通信网络，而且周围的安全戒备十分森严。这里的住户从不向外倒垃圾，而是直接焚烧。美国中央情报局官员也不能百分之百地确定它就是本·拉登的藏身之处。在发动突袭之前，美国情报人员利用卫星照片成功辨认出身高一米九的本·拉登现身豪宅中的身影，并用这张照片让奥巴马（Obama）下定决心命令特种部队行动"斩首"。

美国中央情报局调出了自 2005 年开始建造到 2011 年不同时期本·拉登藏身之处的卫星图片，并结合无人机的测绘信息，建模复原整个别墅，甚至包括别墅的内部构造。2011 年 5 月，时值"9·11"事件后 9 年多，美国实施了代号为"海神之矛"的联合特种作战行动，派出 24 名"海豹"突击队特战队员，一举击毙了世界头号恐怖分子本·拉登。

自"9·11"事件发生以来，美国在国际反恐行动中的表现，在很大程度上归功于侦察卫星提供的信息支援。此外，近年来民用航天遥感处于急速上升期，它与侦察卫星都是从太空对地球实施观测，两者有很多共同之处。国外早期的一些军用侦察卫星的技术与拍摄图像逐渐开始公开销售，促进了民用航天技术的发展和商业遥感市场的繁荣，而且遥感技术的迅速提高使一些民用卫星分辨率达到了军用要求的程度。因此，挖掘侦察卫星的潜力，充分发挥其经济作用，利用民用遥感卫星系统提供军事侦察信息，实行军民结合、融合应用，是今后卫星侦察发展的必然趋势。

早期的侦察卫星有点儿像一板一眼的孤胆英雄，在设定的轨道上默默洞察着世界，关键时刻出手，一鸣惊人。它们站得高、看得远、看得准，不受领土、领空的限制。但同时，轨道固定、对区域过境时间可预测、侦察时长有限、易被欺骗干扰等劣势也很明显。战场的需求永远是牵动科技发展的引信，更是推动科技人员创新的原动力。

第五章

引领未来

地球是人类的摇篮，但人类不可能永远被束缚在摇篮里。

——康斯坦丁·齐奥尔科夫斯基

美国关岛军事基地卫星影像图

自人类第一颗侦察卫星"发现者14号"成功发射以来，历经60余年的发展，侦察卫星已经发生了翻天覆地的变化。当前，随着航天技术的飞速发展和实战应用，侦察卫星呈现出弹性化、集群化、体系化、智能化的发展趋势。

一、弹性体系

在空间作战应用领域，"弹性"一词被赋予新的内涵。早在2013年，美国空军航天司令部发布了《弹性与分散空间体系》白皮书，其中"弹性"的定义为"当整个系统面临故障、环境挑战及敌方行动时能够持续提供所需的支持能力"，此后，"弹性太空"的概念被不断深化。美国国防部部长道格拉斯·洛维罗（Douglas Loverro）概述了关于弹性的六个核心领域，并将其称为D4P2，即多样化（diversify）、分解（decompose）、分散（disperse）、欺骗（deceive）、防护（protect）和扩散（proliferate）。此外，在美军"施里弗"系列太空演习中，关于太空弹性能力的相关概念也同步得到了验证。2018年，"弹性"这一关键词正式出现在美国《国家太空战略》中，进一步提升了美国太空体系的弹性、防御能力以及遭受毁伤后的快速重构能力，美太空力量也正在向更加富有弹性的整体架构升级。

（一）七层空间

2019年7月，为统一整合美国国防部下一代太空能力，实现韧性的军事感知和数据传输能力，美国太空发展局（Space Development

七层空间

美国下一代国防太空体系架构，以大规模互联互通互操作的网状网络为重要特征，总体目标是实现对地面和海面时敏目标的超视距瞄准，以及对高超声速和先进导弹威胁的预警与跟踪，旨在瞄准未来作战构建天基支持下的多域作战网络，将使美军事作战能力大幅跃升。

Agency，SDA）提出构建下一代太空体系架构——国防太空架构，该架构由传输层、跟踪层、监视层、威慑层、导航层、战场管理层、地面支持层七层组成，旨在构建一体化的太空体系结构，利用大规模和分布式卫星提升体系弹性能力，加速演进更新能力，从而有效应对新兴威胁。

根据新架构规划，侦察卫星将主要分布在跟踪层与监视层。在跟踪层，将提供防御先进导弹威胁的天基目标探测、预警、跟踪和指示。在监视层，将提供全天候、全天时监视时敏目标的支援，为打击重点目标提供关键情报保障。该体系计划于 2028 年具备初始实战能力。

（二）集群作战

正是在"弹性太空"的发展理念下，美国催生了一系列新概念军事计划，其中最具代表性的就是"黑杰克"计划。2018 年，美国国防部高级研究计划局启动了"黑杰克"项目，这项有着军方背景的低轨卫星星座计划，旨在实现智能化、小型化、集群化、网络化、低成本的军事卫星星座研发。

"黑杰克"，英文名为 Black Jack，棋牌高手一定不会对这个名字感到陌生，这是一种在赌场、聚会中非常流行的扑克玩法，俗称"21 点"。那么，美国国防部高级研究计划局的军事卫星星座计划为什么会以"黑杰克"命名呢？"黑杰克"的项目经理托马斯（Thomas）指出："黑杰克"就好像是密布在赌场天花板上的各种摄像头，用数量众多且相互联通的卫星将整个地球完全笼罩，让一切尽在掌握之中，形成强大的威慑力。

传统的大型军事卫星一般运行在地球同步轨道上，以便为地球上的任何一点提供持续的任务支持。但在竞争日益激烈的空间环境中，这些昂贵且相对落后的系统越来越容易成为被攻击的目标，一旦遭受降级或破坏需要数年才能得以更新。

"黑杰克"则不一样，它打破了人们对大型军事卫星的常规认知，批量生产、快速入轨、高时效、全球覆盖等特点是其显著优势。"黑杰克"旨在提高天基信息支援系统的弹性和持久性，将进一步加速美太空军的"弹性"转型（图 5-1）。

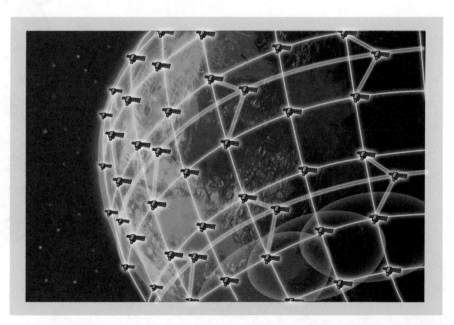

图 5-1 "黑杰克"概念图

图 5-2　SpaceX 的"龙飞船"

"黑杰克"项目致力于验证低地球轨道载荷有足够的能力执行军事任务，增强和完善现有卫星计划，以满足从指挥控制到情报、监视和侦察（intelligence, surveillance, and reconnaissance, ISR）再到战术作战的各种需要，并可能实现"等效于或优于当前部署的天基系统"。

2021年7月，美国国防部高级研究计划局成功部署了"黑杰克"项目首组的两颗卫星——"艾伯号"（Able）和"贝克号"（Baker），见证了空间激光通信的可行性。"黑杰克"项目的最终目标是在近地轨道建立一个由60～200颗卫星构成的卫星星座，用以实现或超过现有地球静止轨道军用卫星系统的功能，整个星座具有高度的弹性和自主性。

（三）民商助力

近年来，商业航天迅猛发展，正在打破航天领域的固有格局，成为新兴的生力军。埃隆·马斯克这位现实版的"钢铁侠"，成为商业航天的标志性人物，美国太空探索技术（SpaceX）公司的"龙飞船"（Dragon，图5-2）实现了商业航天的首次载人飞行，"猎鹰9号"（图5-3）让运载火箭重复利用成为可能，拥有42 000

颗卫星的"星链"计划更是颠覆了人们对航天的认知。无独有偶，埃隆·马斯克在商业航天的道路上并不孤单，众多商业航天公司正如雨后春笋般展现出蓬勃的生命力。

一千个人心中有一千个哈姆雷特，每个人对于侦察卫星的未来有着截然不同的理解。2010年，一位曾就职于美国国家航空航天局的普通工程师——威尔·马歇尔（Will Marshal）创办了行星实验室（Planet Labs）公司，自此开启了他不平凡的人生。如果把"锁眼"、"世界观测"（WorldView）等性能超群的大卫星比作草原上的雄鹰，那么威尔·马歇尔的卫星就好比丛林中的鸽子，正如行星实验室公司发射的第一颗卫星的名字——"鸽子"（Dove）。

图 5-3 SpaceX 的"猎鹰"火箭

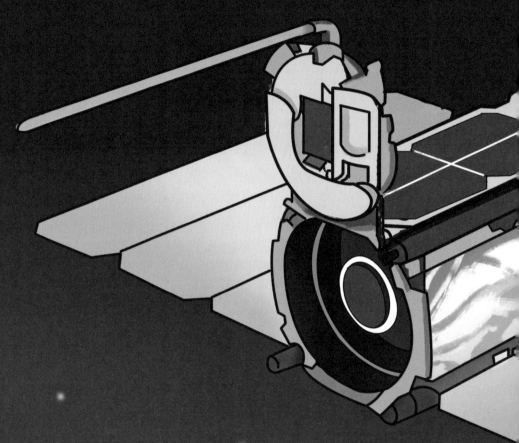

　　"鸽子"卫星为 3U 立方体卫星，尺寸为 10 厘米 ×10 厘米 ×34 厘米，成像分辨率 3 米，其小巧的身材仅相当于一个文具盒的大小。自 2013 年行星实验室公司将第一颗名为"鸽子"的超小型卫星送入轨道后便一发而不可收，成群的"鸽子"飞入太空，而卫星的名字也由"鸽子"变为"鸽群"（Flocks）（图 5-4）。2014 年 3 月，28 颗"鸽群"卫星由国际空间站进行部署，2017 年 2 月，一次性发射了 88 颗 "鸽群" 卫星。截至 2020 年，卫星总数已经达到了惊人的 251 颗，开创了小型化遥感卫星集群的先河。

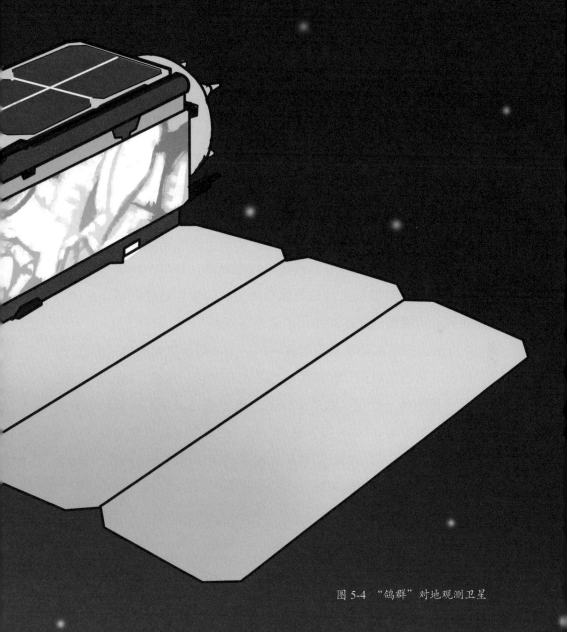

图 5-4　"鸽群" 对地观测卫星

集群作战赋予了"鸽群"非凡的能力，这群"小巧"的卫星可以实现每天对全球进行一次 360 度无死角的拍摄。无论是冰雪皑皑的阿尔卑斯山还是猛兽狂奔的非洲草原，任何一个角落，都逃不过"鸽群"众多的眼睛。这种由大规模星群所形成的高效的大范围覆盖能力，是很多"单兵作战"的大型卫星所望尘莫及的。

行星实验室公司秉承不断创新、迭代与自动化的理念，不论是卫星还是应用系统，硬件还是软件，都采用自主研发。在运行控制方面，该公司的任务控制小组使用自主研发的自动化软件来管理卫星集群，仅用很少的人安排任务窗口，将软件集成到卫星上，并将图像下传到世界各地的 45 个地面站。在数据处理方面，行星实验室公司可以快速高效地处理和传送图像，使用谷歌云（Google Cloud）平台并启用自定义处理，以便客户能够直接访问数据。数据管道确保易于访问地球的图像和档案网站，将每个场景作为一个定制服务，利用场景组合成总体态势图，同步构建时间切片总体态势序列，能够看到随时间变化的动态场景。

目前，行星实验室公司的客户包括 100 多个国家和地区的政府、企业及非营利性组织，服务范围包括农业勘探、测绘、抢险救灾等。值得一提的是，行星实验室公司的卫星星座目前在军事领域也得到了应用。据报道，2018 年 3 月 26 日，"鸽群"卫星侦察发现了中国海军航母编队在南海训练的情况，两次时间仅相隔 41 分钟，其灵活的侦察能力引起了全球关注。

二、全维战场

随着信息化战争条件下作战手段的不断丰富，侦察卫星所面临的作战场景日趋复杂。应对无限拓展的作战时空、急剧加快的作战节奏、灵活高效的作战运用、动态随机的资源分配，战争认知将被彻底颠覆，作战行动将面临全新挑战。以支援反航母作战、陆上边境作战、支援太空作战、全球战略目标态势感知等为代表的复杂动态作战场景为侦察卫星战术支援能力带来更大的挑战。战争形态的变化对侦察卫星在空间、时间、光谱、频谱等多维领域都提出了更高的要求。

（一）战场高清写真

空间分辨率是衡量成像卫星最核心的指标，也是各国侦察卫星竞相竞争的战略制高点。更高的分辨率，让卫星可以掌控更多的战场细节，从而为作战行动提供更加全面的战略和战术支援服务。

美国"锁眼"系列卫星经过 60 余年的发展，不断升级换代，现已迭代至第六代光学成像侦察卫星——KH-12，其分辨率高达 0.1 米，能够识别出在海上穿梭的各型舰船、在沙漠中隐蔽的坦克及在机场驻泊的各型战机，将一个个军事目标的高清写真呈现给指挥员。

2019 年 1 月 19 日，美国国家侦察局将最新一颗 KH-12 光学成像侦察卫星（图 5-5）顺利发射入轨，其任务代号为 NROL-71。KH 系列卫星属于"黑色航天"范畴，对外严格保密，甚至连型号与名称都不公开。此次的 NROL-71 是升级版的"锁眼"卫星，其相机口径相比上一代 KH-12 可能有进一步提高，可见光和红外成像能力可能进一步增强，该卫星的发射进一步增强了美国的光学成像侦察能力。

KH-12 系列卫星选用椭圆太阳同步轨道，近地点 250 千米、远地点 1000 千米，轨道倾角约为 98°，实现近地点超高分辨率详查

与远地点大幅宽成像。太阳同步轨道的摄动特性使得卫星每次过顶特定目标区域时，能保持光照条件（即太阳高度角）基本不变，便于对侦察目标进行对比分析。NROL-71 卫星采用倾角 74°的轨道，属于倾斜轨道，其特点是对重点区域的重访频率更高、侦察任务的安排更加灵活。

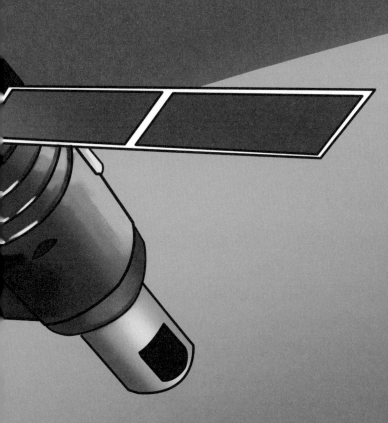

图 5-5　KH-12 光学成像侦察卫星

（二）光谱全维扫描

更高的光谱分辨率让侦察卫星的"慧眼"更上一层楼，将更加透明化的战场态势展现在指挥官面前，为军事行动提供了强有力的支撑。2019 年 3 月，意大利航天局（Italian Space Agency，ASI）发射了新一代高光谱卫星——"高光谱先导应用任务"（PRISMA）卫星，该卫星载有 1 个全色 / 高光谱相机，采用推扫成像方式，幅宽 30 千米。在高光谱成像模式下，具有 237 个成像谱段（包括 66 个可见光和 171 个短波红外谱段），光谱分辨率 10 纳米，图像分辨率 30 米。在全色成像模式下，图像分辨率 5 米。

近年来，意大利接连部署"光学卫星 -3000"（OPTSAT-3000）、PRISMA 和第二代地中海盆地观测小卫星星座（CSG-1）卫星，在稳步提升在轨雷达成像侦察能力的同时，首次具备了全色、多光谱、高光谱光学成像能力，稳步健全侦察监视体系。PRISMA 民用卫星具有潜在的军用价值，具有近 240 个光学谱段，不仅可以用于环境探测，还具有识别地面军事目标伪装、遂行军事侦察的潜力。

（三）频谱全域覆盖

战场上的电磁态势复杂多变，对频域的覆盖是电子侦察卫星最显著的能力。2019 年 2 月，美国鹰眼 360（HawkEye 360）公司对已在轨的首批 3 颗"鹰"（Hawk）卫星进行射频信号定位测试，验证对船载自动识别系统（Automatic Identification System，AIS）信号和海事雷达信号的定位能力。美国鹰眼 360 公司是射频定位领域的"领跑"者，原计划于 2022 年部署由 27 颗卫星组成的射频信号监测与定位系统，开展频谱测绘以及射频和雷达信号定位、应急位置指示等业务。整个卫星星座分为 9 个三星编队，编队中的卫星距离保持在 200 千米左右，部署轨道采用高度约 600 千米的太阳同步轨道，单颗卫星的发射质量为 15 千克，尺寸为 40 厘米 ×27 厘米 ×20 厘米，可监测的信号频率范围为 $1.44 \times 10^8 \sim 6 \times 10^9$ 赫兹，覆盖甚高频（VHF）、特高频（UHF）频段（$3 \times 10^8 \sim 1 \times 10^9$ 赫兹）以及 L 频段、S 频段和部分 C 频段，未来可扩展到 Ku 频段（图 5-6）。

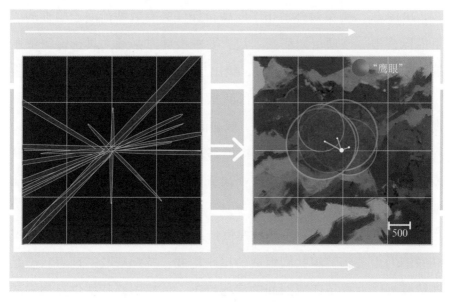

图 5-6　美国鹰眼 360 公司卫星定位信号示意图

2019 年 4 月，美国鹰眼 360 公司推出了首款产品 RFGeo，能够确定并定位分布广泛的射频发射器，包括导航雷达、高频通话无线电、卫星终端和紧急信标等，同时能够绘制船舶导航雷达信号图像，用于探测海上船舶活动情况。该公司富有开创性的地理空间数据为海事、国防、情报、电信和灾害预警等应用领域持续提供着支撑。

（四）时间敏感目标监视

时间敏感目标（Time Sensitive Target，TST，以下简称时敏目标）是在近几次局部战争中经常提到的一个新概念，主要是指那些高速机动且只有短暂打击窗口的目标。美军认为，这些目标已构成重要威胁，打击时敏目标已成为美军亟须发展的新质作战力。

2019 年，美军对外发布了时敏目标任务有效载荷演示验证的项目招标公告。该项目为秘密项目，要求投标方必须为具备保密资质的美国企业。在该招标公告中，给出了三个关键术语的定义。

一是时敏目标，指由联合部队指挥官认定的、价值高、稍纵即逝、给己方造成（或即将造成）威胁而需要立即反应的目标。

二是情报、监视和侦察，指能够基于图像、电子信号或其他获取手段的信息，持续地由事件驱动或依据系统指挥调度来获取关注地域信息的能力。

三是持续，指对关注地域提供持续的覆盖。绝大部分天基情报获取能力由多颗卫星共同组成的星座构成，持续获取的理想状态是连续监视。为支持任意时间的武器打击，传感器必须提供足够短的重访监视间隔。

该项目旨在通过分析、试验和验证，推进天基有效载荷和使能技术概念发展，以支持对时敏目标任务的打击行动。天基有效载荷必须具备情报、监视和侦察，定位、导航和授时（PNT），卫星通信（SATCOM）等针对时敏目标的核心能力，缩短在战场环境下的行动打击链。

静止轨道卫星的发展会进一步提高侦察卫星的时敏目标监视能力，极大提升对重要军事目标监视的时间分辨率，可以以现场直播的方式掌控军事目标的动态实时变化，是时敏目标监视的利器（图 5-7 ）。

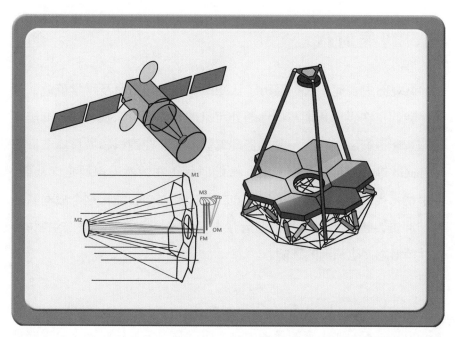

图 5-7　地球静止轨道光学成像卫星方案

日本宇宙航空研究开发机构（JAXA）于 2019 年公开了静止轨道光学卫星的研发计划。卫星重约 4 吨，有效载荷为 3.6 米的大口径望远镜系统及成像仪。望远镜系统采用类似美国詹姆斯·韦布空间望远镜主镜的拼接设计，主镜由 7 个口径 1.4 米的子镜环绕拼接而成，成像分辨率优于 10 米，处理后的图像最高分辨率可达 4 米。夜间红外载荷观测分辨率约为 100 米。成像谱段覆盖可见光、近红外、中波红外、短波红外谱段，在短波红外或中波红外谱段，瞬时视场范围可达到 100 千米 ×100 千米。卫星具备 1 帧 / 秒的连续成像能力，可在 30 分钟内完成接收成像指令、瞄准目标区域、拍摄图像、数据下传等整个成像过程。该卫星可覆盖东亚、澳大利亚大部分区域，日本计划利用该卫星提升对大型舰船、飞机等移动目标的侦察能力。

三、智能时代

纵观历史长河，人类经历了认知革命、农业革命及科学革命，今天，我们正在经历智能革命。随处可见的智能人脸识别、让人难辨真假的智能语音、道路上行驶的自动驾驶汽车、在围棋领域登峰造极的 AlphaGo 等，种种迹象都表明，智能时代正在悄然无声地走向我们。军事技术代表着科学技术的制高点，各国都在向智能化这个战略高地发起冲击，智能化战争并不遥远，人工智能技术将为侦察卫星赋能，对战争形态产生深远的影响。

（一）会"思考"的卫星

想象一下，在未来的战争中，人可以与卫星直接对话，只需向其发出"在某海域探测活动船只""获取世界各国疾控中心影像""监视某国导弹发射情况"等指令，具备"自主思考"能力的侦察卫星集群智能体就会根据任务场景精确生成侦察任务，并精准地进行分配。甚至我们都不需要告诉侦察卫星做什么，智能化的卫星群体就能够基于战场态势及需求自发地进行侦察，为一线部队提供最高效的情报信息。依靠先进的知识挖掘技术，这些正在逐步成为现实。

美国国防部高级研究计划局的"黑杰克"项目正在卫星的自主规划方面做一些尝试，按照规划，未来"黑杰克"首批卫星星座的卫星总数将达到 90 颗，如何有效地组织与管理这些功能各异的卫星，成为一个关键性难题。正因如此，"赌场老板"项目成为"黑杰克"项目众多关键核心技术中最引人注目的一项。

作为"黑杰克"的"大脑","赌场老板"可集成的功能和服务包括：支持卫星星座的人工智能软件、大规模分布式计算、精确定时、高可靠的网络空间解决方案、低成本在轨处理硬件、空间密码解决方案、系统和任务集成服务等。"赌场老板"可作为计算节点提供任务级自主运行能力，为每个载荷提供与平台的电气接口和网络接口，提供数据包路由，作为星座组网以及与其他星座连接的信息节点。"赌场老板"上安装的任务自主软件使卫星与星座中的其他节点协同，保证整个星座不需人员干预长期自主运行。为了推进"黑杰克"项目的进展，美国国防部高级研究计划局选择美国雷神公司（Raytheon Company）和美国科学系统公司（Scientific Systems, Inc.）合作设计"黑杰克"项目的"赌场老板"系统。据美国雷神公司称，"赌场老板"将集成人工智能和机器学习技术，以增强未来天基信息支援能力。

模块化载荷技术是"黑杰克"项目的又一关键核心技术，这让卫星的研制与生产像拼搭积木一样简单。模块化载荷（图5-8）会让"黑杰克"卫星实现侦察、通信、导航、预警等各类卫星载荷的通用化管理与控制，"赌场老板"则将为各类载荷的智能协同运用奠定基石。

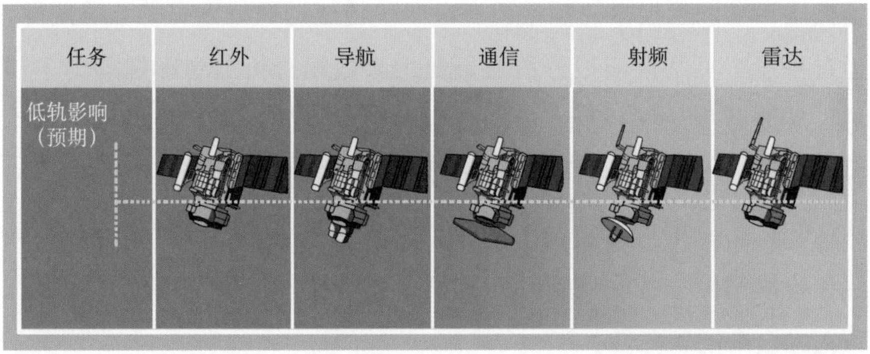

任务	红外	导航	通信	射频	雷达
低轨影响 （预期）					

图5-8 模块化有效载荷配置

（二）"慧眼"的云脑

人工智能技术已经成为推进侦察监视能力增长的新源泉。美国国防部高级研究计划局、国家地理空间情报局（National Geospatial-Intelligence Agency，NGA）和情报高级研究计划局（Intelligence Advanced Research Project Agency，ICARA）等机构均高度重视人工智能、大数据等技术的应用。美国国防部高级研究计划局持续发展基于云服务的地理空间分析系统，同时启动研发全景目标跟踪框架，拟将不同结构的传感器数据进行融合。

美国国防部高级研究计划局于 2019 年 5 月与麦克萨技术（Maxar Technologies）公司就价值 430 万美元的地理空间云分析签订测试合同。该公司拥有强大的地理空间预测和分析工具，通过公有云资源库汇集大量光学、合成孔径雷达和无线电等途径所获取的开源卫星数据，利用机器学习进行数据分析后，能更快速、更准确地探测地球表面特征和变化，为用户提供决策支持。

2019 年 4 月，美国情报高级研究计划局发布"天基机器自动识别技术"（SMART）项目征询书草案，寻求研制一种基于光谱和时相的天基图像数据融合工具，实现自动广域搜索、监测和分析。"天基机器自动识别技术"项目旨在减少单传感器数据固有的不确定性，通过开发工具帮助情报分析人员使用大数据分析卫星影像与电子信号，从而减少情报分析人员超负荷的工作量。该项目包括 5 个重点研究领域：①基于军事、政府和商业卫星的数据融合来探测人为干扰认知；②应用机器学习中低分辨率成像卫星的图像增强；③提高变化检测精度；④利用自动识别技术进行情报获取与收集；⑤提升数据融合中的鲁棒性。

在企业方面，洛克希德·马丁空间系统公司开发了一种卫星图像识别系统——全球自动目标识别（GATR），该系统能够对世界各地大面积的物体或目标进行快速识别和分类，可大幅节省图像分析的时间（图5-9）。基于云技术和快速的图像处理器，可以让全球自动目标识别系统快速扫描广域区域，深度学习可以实现自主识别。

图 5-9　全球自动目标识别应用示意图

全球自动目标识别系统可对目标识别特征进行针对性训练，如学习如何区分货机和军用运输机。该系统可快速扩展至大面积区域，甚至覆盖整个国家。同时，全球自动目标识别系统使用了商业部门广泛使用的深度学习技术，可以识别船舶、飞机、建筑物、海港等多种类别的目标。

截至 2021 年，全球自动目标识别系统在测试模型上的识别准确率达到 90% 以上，同时具备较高的效率，在面积为 12 万平方千米的美国宾夕法尼亚州搜索液压井只需短短两个小时。洛克希德·马丁空间系统公司表示，当前商用卫星数据比以往任何时候都要多。全球自动目标识别系统等人工智能模型在让分析师专注于更高层次的任务的同时，保持了分析师的控制权。该系统可自主学习对象的特征，节省了训练算法所花费的时间，让情报分析人员更加关注任务，用户可以框选出世界上的任何地方，系统将搜索感兴趣的对象，如压裂井、飞机或难民营。该系统的项目负责人表示，许多公司提供的卫星图像识别系统，可以快速对世界各地的物体进行识别和分类，但很少有公司提供全球范围内的卫星图像识别系统。

美媒称，美方训练的人工智能程序能在卫星影像上自动搜寻中国的导弹阵地，只需 40 分钟即可完成情报判读任务，还能保证很高的准确度，而专业的情报分析人员需要花费 60 个小时才能做到这一点。机器学习能高效地协助人类情报专家，帮助他们从海量的卫星影像中如大海捞针一般找到目标。

同时，人工智能技术正在向融入作战系统发展。精确制导武器、导航定位技术、隐身技术以及互联网在作战中具有重大变革作用，人工智能也将加速发展。人工智能技术将大幅加快作战节奏，装备人工智能技术的情报侦察系统将使武器装备无法长时间隐藏，具体来说，将难以在某一地区持续隐藏两个小时以上，否则将遭受毁灭性打击。同时，远程打击和高速机动的武器系统需要时效更高的情报，因此美军正在积极发展装备人工智能技术的原型验证系统，美国将太空视为新的作战疆域，推动军事航天装备发展进入快车道。卫星历来是重要的情报信息获取手段，可以预见，利用人工智能技术的军事侦察卫星装备将在不远的将来出现。

结 束 语

　　侦察卫星是人类集体智慧的结晶，推动了相关领域科学技术的发展，同时也带动了人类文明的进步。侦察卫星让人类站得更高、看得更远，"不战而屈人之兵"是发展侦察卫星的真正目的，它更应成为维护人类和平与发展的重要利器。相信在未来，星空中这些璀璨群"星"会让人类的和平之路越发宽广和明亮！

　　探索浩瀚宇宙是人类共同的理想。中国曾错过"航海时代"，但将成为"航天时代"的"领跑"者。从"东方红"、"神舟"、"天和"、"嫦娥"到"天问"，一个个响亮的名字在世界舞台上大放异彩。历经几代中国科研工作者艰苦卓绝的不懈奋斗，中国正由航天大国向航天强国不断迈进，也必将为维护世界和平、推动和谐发展、构建人类命运共同体做出更大贡献！

参 考 文 献

菲利普·塔布曼.2004.神秘帝国.郝妍,张瑞真译.哈尔滨:哈尔滨出版社.

何奇松.2020.太空武器化及中国太空安全构建.国际安全研究,(1):39-67.

李晓东,渠弘毅,何滨,等.2020.美军情报监视侦察系统发展与启示.飞航导弹,(6):59-63.

李颐黎.2011.钱学森与中国返回式卫星的开创.航天器工程,20(6):6-10.

李悦,张可,丁磊.2019.美国军用卫星系统最新发展分析.航天电子对抗,(6):51-59.

刘旭,李为民.2015.美俄军事卫星系统发展现状与趋势.国防科技,36(2):43-48,81.

王君光,关松.2020.高光谱成像卫星发展研究.光电技术应用,35(3):1-7.

王卫杰,司文涛,王伟超,等.2019.美国军事航天技术发展现状及趋势.中国航天,(9):27-33.

徐一帆,谭跃进,贺仁杰,等.2010.天基海洋目标监视的系统分析及相关研究综述.宇航学报,31(3):628-640.

杨艳洲,王佳雯,张玮,等.2020.国外天基信息系统装备及技术发展水平研究.现代科技信息,4(6):53-60.

原民辉,刘韬.2018.空间对地观测系统与应用最新发展.国际太空,472:8-14.

曾德贤,李颖.2017.外军军事航天发展.北京:国防工业出版社.

周志鑫,等.2022.卫星遥感图像解译.北京:国防工业出版社.

附　录

附录一 世界各国和地区在轨侦察卫星一览

美国在轨侦察卫星

光学成像卫星		
序号	卫星名称	主要参数
1	锁眼 12-5（KH 12-5）	发射日期：2005 年 10 月 19 日；分辨率：全色 0.1～0.15 米、红外 0.6～1 米；质量：18 000 千克；轨道高度：264 千米×1050 千米；倾角：97.9°；设计寿命：5 年
2	锁眼 12-6（KH 12-6）	发射日期：2011 年 1 月 20 日；分辨率：全色 0.1 米；质量：18 000 千克；轨道高度：200 千米×1000 千米；倾角：97.8°；设计寿命：5 年
3	锁眼 12-7（KH 12-7）	发射日期：2013 年 8 月 28 日；分辨率：全色 0.1 米；质量：18 000 千克；轨道高度：257 千米×997 千米；倾角：97.8°；设计寿命：5 年
4	锁眼 12-8（KH 12-8）	发射日期：2019 年 1 月 19 日；分辨率：全色 0.1 米；质量：18 000 千克；轨道高度：395 千米×419 千米；倾角：74°；设计寿命：5 年
5	锁眼 12-9（KH 12-9）	发射日期：2021 年 4 月 27 日；分辨率：全色 0.1 米、红外 0.5 米；质量：2000 千克；轨道高度：528 千米×775 千米；倾角：98.2°；设计寿命：5 年
6	红隼眼微型卫星（Kestrel Eye-2M）	发射日期：2017 年 10 月 24 日；分辨率：0.3 米；质量：50 千克；轨道高度：400 千米×407 千米；倾角：51.6°；设计寿命：3 年
7	军事作战空间使能效果卫星（See Me）	发射日期：2018 年 12 月 3 日；分辨率：0.3 米；质量：25 千克；轨道高度：573 千米×590 千米；倾角：97.8°；设计寿命：3 年

续表

雷达成像卫星		
序号	卫星名称	主要参数
8	未来成像体系雷达星 1（FIA Radar-1）	发射日期：2010 年 9 月 21 日；分辨率：0.15 米；质量：5000 千克；轨道高度：1101 千米 × 1107 千米；倾角：122.9°；设计寿命：5 年
9	未来成像体系雷达星 2（FIA Radar-2）	发射日期：2012 年 4 月 3 日；分辨率：0.15 米；质量：500 千克；轨道高度：1068 千米 × 1107 千米；倾角：123°；设计寿命：5 年
10	未来成像体系雷达星 3（FIA Radar-3）	发射日期：2013 年 12 月 6 日；分辨率：0.15 米；质量：5000 千克；轨道高度：1066 千米 ×1081 千米；倾角：123°；设计寿命：5 年
11	未来成像体系雷达星 4（FIA Radar-4）	发射日期：2016 年 2 月 10 日；分辨率：0.15 米；质量：5000 千克；轨道高度：1086 千米 × 1087 千米；倾角：123°；设计寿命：5 年
12	未来成像体系雷达星 5（FIA Radar-5）	发射日期：2018 年 1 月 12 日；分辨率：0.15 米；质量：5000 千克；轨道高度：1047 千米 × 1057 千米；倾角：106°；设计寿命：5 年
海洋监视卫星		
序号	通用名称	主要参数
13	海军海洋监视系统（NOSS 3-3）	发射日期：2005 年 2 月 3 日；质量：5000+ 千克；轨道高度：1016 千米 ×1203 千米；倾角：63.4°；设计寿命：8 年
14	海军海洋监视系统（NOSS 3-4）	发射日期：2007 年 6 月 15 日；质量：5000+ 千克；轨道高度：1015 千米 ×1200 千米；倾角：63.4°；设计寿命：8 年
15	海军海洋监视系统（NOSS 3-5）	发射日期：2011 年 4 月 15 日；质量：5000 千克；轨道高度：1019 千米 ×1205 千米；倾角：63.4°；设计寿命：5 年
16	海军海洋监视系统（NOSS 3-6）	发射日期：2012 年 9 月 13 日；质量：6500 千克；轨道高度：1012 千米 ×1203 千米；倾角：63.4°；设计寿命：5 年

海洋监视卫星		
序号	通用名称	主要参数
17	海军海洋监视系统（NOSS 3-7）	发射日期：2015 年 10 月 8 日；质量：6500 千克；轨道高度：1014 千米 ×1099 千米；倾角：63.4°；设计寿命：5 年
18	海军海洋监视系统（NOSS 3-8）	发射日期：2017 年 3 月 1 日；质量：6500 千克；轨道高度：1009 千米 ×1204 千米；倾角：63.4°；设计寿命：5 年
电子侦察卫星		
序号	通用名称	主要参数
19	水星 1（Mercury-1）	发射日期：1994 年 8 月 27 日；质量：4000 千克；轨道高度：35 598 千米 ×35 976 千米；倾角：5.1°；设计寿命：5 年
20	水星 2（Mercury-2）	发射日期：1996 年 4 月 24 日；质量：4000 千克；轨道高度：33 674 千米 ×37 900 千米；倾角：7.3°；设计寿命：5 年
21	水星 3（Mercury-3）	发射日期：2014 年 4 月 10 日；质量：3900 千克；轨道高度：35 500 千米 ×35 500 千米；倾角：7.0°；设计寿命：5 年
22	军号 1（Trumpet-1）	发射日期：2001 年 4 月 9 日；质量：5000 ～6000 千克；轨道高度：360 千米 ×36 800 千米；倾角：7.0°；设计寿命：5 年
23	军号 4（Trumpet-4）	发射日期：2006 年 6 月 28 日；质量：4000 千克；轨道高度：1111 千米 ×37 564 千米；倾角：63°；设计寿命：5 年
24	军号 5（Trumpet-5）	发射日期：2008 年 3 月 13 日；质量：4200 千克；轨道高度：1112 千米 ×37 580 千米；倾角：63.5°；设计寿命：5 年
25	军号 6（Trumpet-6）	发射日期：2014 年 12 月 13 日；质量：4200 千克；轨道高度：2103 千米 ×37 746 千米；倾角：62.8°；设计寿命：5 年

侦察卫星 决胜千里之外

续表

电子侦察卫星		
序号	通用名称	主要参数
26	军号 7 （Trumpet-7）	发射日期：2017 年 9 月 24 日；质量：8000 千克；轨道高度：1738 千米 ×38 111 千米；倾角：63.8°；设计寿命：5 年
27	鹰 A （Hawk-A）	发射日期：2018 年 12 月 3 日；质量：15 千克；轨道高度：577 千米 ×590 千米；倾角：97.7°；设计寿命：5 年
28	鹰 B （Hawk-B）	发射日期：2018 年 12 月 3 日；质量：15 千克；轨道高度：574 千米 ×592 千米；倾角：97.7°；设计寿命：5 年
29	鹰 C （Hawk-C）	发射日期：2018 年 12 月 3 日；质量：15 千克；轨道高度：526 千米 ×535 千米；倾角：97.7°；设计寿命：5 年
30	鹰 2A （Hawk-2A）	发射日期：2021 年 1 月 24 日；质量：15 千克；轨道高度：526 千米 ×535 千米；倾角：97.5°；设计寿命：5 年
31	鹰 2B （Hawk-2B）	发射日期：2021 年 1 月 24 日；质量：15 千克；轨道高度：526 千米 ×535 千米；倾角：97.5°；设计寿命 5 年
32	鹰 2C （Hawk-2C）	发射日期：2021 年 1 月 24 日；质量：15 千克；轨道高度：525 千米 ×535 千米；倾角：97.5°；设计寿命：5 年
33	顾问 4 （Mentor-4）	发射日期：1998 年 5 月 9 日；质量：5200 千克；轨道高度：35 560 千米 ×36 013 千米；倾角：7.7°；设计寿命：8 ～ 12 年
34	顾问 5 （Mentor-5）	发射日期：2003 年 9 月 9 日；质量：5200 千克；轨道高度：35 589 千米 ×35 984 千米；倾角：3.2°；设计寿命：8 ～ 12 年

电子侦察卫星		
序号	通用名称	主要参数
35	顾问 6 （Mentor-6）	发射日期：2009 年 1 月 18 日；质量：5400 千克；轨道高度：35 714 千米 ×35 937 千米；倾角：2.8°；设计寿命：8 ～ 12 年
36	顾问 7 （Mentor-7）	发射日期：2010 年 11 月 21 日；质量：5000 千克；轨道高度：35 500 千米 ×35 500 千米；倾角：0°；设计寿命：8 ～ 12 年
37	顾问 8 （Mentor-8）	发射日期：2012 年 6 月 29 日；质量：5000 千克；轨道高度：35 771 千米 ×35 805 千米；倾角：0°；设计寿命：8 ～ 12 年
38	顾问 9 （Mentor-9）	发射日期：2016 年 6 月 11 日；质量：5000 千克；轨道高度：35 613 千米 ×35 903 千米；倾角：7.5°；设计寿命：8 ～ 12 年
39	顾问 10 （Mentor-10）	发射日期：2020 年 12 月 11 日；质量：5400 千克；轨道高度：35 700 千米 ×35 800 千米；倾角：0°；设计寿命：8 ～ 12 年
导弹预警卫星		
序号	通用名称	主要参数
40	天基红外系统 （SBIRS GEO-1）	发射日期：2011 年 5 月 7 日；质量：4500 千克；轨道高度：35 778 千米 ×35 795 千米；倾角：6.45°；设计寿命：12 年
41	天基红外系统 （SBIRS GEO-2）	发射日期：2013 年 3 月 19 日；质量：4500 千克；轨道高度：35 779 千米 ×35 790 千米；倾角：6.45°；设计寿命：12 年
42	天基红外系统 （SBIRS GEO-3）	发射日期：2017 年 1 月 20 日；质量：4500 千克；轨道高度：35 779 千米 ×35 785 千米；倾角：5.90°；设计寿命：12 年

	导弹预警卫星	
序号	通用名称	主要参数
43	天基红外系统 （SBIRS GEO-4）	发射日期：2018 年 1 月 20 日；质量：4500 千克；轨道高度：35 758 千米 × 35 815 千米；倾角：6.30°；设计寿命：12 年
44	天基红外系统 （SBIRS HEO-1）	发射日期：2006 年 6 月 28 日；质量：4000 千克；轨道高度：1111 千米 × 37 564 千米；倾角：63.5°；设计寿命：待退役
45	天基红外系统 （SBIRS HEO-2）	发射日期：2008 年 3 月 13 日；质量：8000 千克；轨道高度：1112 千米 × 37 580 千米；倾角：63.5°；设计寿命：待退役
46	天基红外系统 （SBIRS HEO-3）	发射日期：2014 年 12 月 13 日；质量：8000 千克；轨道高度：1112 千米 × 37 580 千米；倾角：63.5°；设计寿命：4 年
47	天基红外系统 （SBIRS HEO-4）	发射日期：2017 年 9 月 24 日；质量：8000 千克；轨道高度：1112 千米 × 37 580 千米；倾角：63.5°；设计寿命：4 年
48	空间跟踪与监视系统 （STSS ATRR）	发射日期：2009 年 5 月 5 日；质量：2240 千克；轨道高度：867 千米 × 879 千米；倾角：98.9°；设计寿命：4 年
49	空间跟踪与监视系统 （STSS Demo-1）	发射日期：2009 年 9 月 25 日；质量：2240 千克；轨道高度：1347 千米 × 1352 千米；倾角：58°；设计寿命：4 年
50	空间跟踪与监视系统 （STSS Demo-2）	发射日期：2009 年 9 月 25 日；质量：2240 千克；轨道高度：1339 千米 × 1351 千米；倾角：58°；设计寿命：4 年

俄罗斯在轨侦察卫星

		光学成像卫星
序号	卫星名称	主要参数
1	角色 2（Persona-2）	发射日期：2013 年 6 月 7 日；质量：6500 千克；轨道高度：714 千米 ×733 千米；倾角：98.3°；设计寿命：5 年；
2	角色 3（Persona-3）	发射日期：2015 年 6 月 23 日；分辨率：0.3 米；质量：7000 千克；轨道高度：706 千米 ×725 千米；倾角：98.5°；设计寿命：5 年
3	起跑 1（Razbeg-1）	发射日期：2021 年 9 月 9 日；分辨率：0.9 米；质量：150 千克；轨道高度：315 千米 ×318 千米；倾角：96°；设计寿命：5 年

		雷达成像卫星
序号	卫星名称	主要参数
4	秃鹰 1（Kondor-1）	发射日期：2013 年 6 月 27 日；分辨率：聚束模式下 1～2 米、条带模式下 1～3 米、扫描模式下 5～30 米；质量：1150 千克；轨道高度：597 千米 ×501 千米；倾角：74.7°

		电子侦察卫星
序号	卫星名称	主要参数
5	莲花（Lotos S1）	发射日期：2009 年 11 月 20 日；质量：5000 千克；轨道高度：911 千米 ×900 千米；倾角：67.2°
6	莲花（Lotos S1-803）	发射日期：2017 年 12 月 3 日；质量：5000 千克；轨道高度：916 千米 ×908 千米；倾角：67.1°
7	莲花（Lotos S1-804）	发射日期：2018 年 10 月 24 日；质量：5000 千克；轨道高度：900 千米 ×244 千米；倾角：67.1°
8	莲花（Lotos S1-805）	发射日期：2021 年 2 月 2 日；质量：5000 千克；轨道高度：909 千米 ×901 千米；倾角：67.1°

续表

电子侦察卫星		
序号	卫星名称	主要参数
9	莲花 （Lotos S2）	发射日期：2014 年 12 月 23 日；质量：5000 千克；轨道高度：910 千米 ×901 千米；倾角：67.1°
10	芍药 NKS （Pion-NKS）	发射日期：2021 年 6 月 5 日；质量：6500 千克；轨道高度：500 千米；倾角：67.1°
导弹预警卫星		
序号	卫星名称	主要参数
11	EKS-1	发射日期：2015 年 11 月 17 日；轨道高度：1606 千米 ×38 662 千米；倾角：63°
12	EKS-2	发射日期：2017 年 5 月 25 日；轨道高度：1650 千米 ×38 511 千米；倾角：63.8°
13	EKS-3	发射日期：2019 年 9 月 26 日；轨道高度：1615 千米 ×38 737 千米；倾角：63.8°
14	EKS-4	发射日期：2020 年 5 月 22 日；轨道高度：1659 千米 ×38 503 千米；倾角 63.8°
15	EKS-5	发射日期：2021 年 11 月 25 日；轨道高度：1664 千米 ×38 596 千米；倾角 63.7°

欧洲在轨卫星

光学成像卫星		
序号	卫星名称	主要参数
1	法国昴星团 1B （Pléiades HR-1B）	发射日期：2012 年 12 月 2 日；分辨率：全色 0.7 米、多光谱 2.8 米；质量：970 千克；轨道高度：678 千米 ×691 千米；倾角：98.5°；设计寿命：5 年
2	法国昴星团新星 3 （Pléiades Neo-3）	发射日期：2021 年 4 月 29 日；分辨率：0.3 米；质量：920 千克；轨道高度：623 千米 ×626 千米；倾角：97.9°；设计寿命：10 年

光学成像卫星		
序号	卫星名称	主要参数
3	法国昴星团新星 4（Pleiades Neo-4）	发射日期：2021 年 8 月 17 日；分辨率：0.3 米；质量：920 千克；轨道高度：700 千米；倾角：98°；设计寿命：10 年
4	西班牙德莫斯 1（Deimos-1）	发射日期：2009 年 7 月 29 日；质量：90 千克；轨道高度：661 千米 ×662 千米；倾角：98°；设计寿命：5 年
5	西班牙德莫斯 2（Deimos-2）	发射日期：2014 年 6 月 19 日；分辨率：全色 0.75 米、多光谱 3 米；质量：310 千克；轨道高度：597 千米 ×619 千米；倾角：98°；设计寿命：10 年
6	法国光学空间段 1（CSO-1）	发射日期：2018 年 12 月 19 日；分辨率：全色 0.35 米；质量：3500 千克；轨道高度：800 千米；倾角：98.6°；设计寿命：10 年
7	法国光学空间段 2（CSO-2）	发射日期：2020 年 12 月 29 日；分辨率：全色 0.2 米；质量：3565 千克；轨道高度：480 千米；倾角：98.6°；设计寿命：10 年
8	意大利光学卫星 3000（OPTSAT-3000）	发射日期：2017 年 8 月 2 日；分辨率：0.5 米；质量：368 千克；轨道高度：452 千米 ×453 千米；倾角：97.2°
9	意大利高光谱先导应用任务（PRISMA）	发射日期：2019 年 3 月 21 日；分辨率：高光谱 30 米、全色 5 米；质量：550 千克；轨道高度：623 千米 ×625 千米；倾角：97.9°；设计寿命：5 年
雷达成像卫星		
序号	卫星名称	主要参数
10	芬兰 18 星星座"冰眼"（ICEYE-X2）	发射日期：2018 年 12 月 3 日；分辨率：0.25 米；质量：80 千克；轨道高度：570 千米 ×587 千米；倾角：97.7°

雷达成像卫星		
序号	卫星名称	主要参数
11	芬兰 18 星星座"冰眼"（ICEYE-X4）	发射日期：2019 年 5 月 5 日；分辨率：0.25 米；质量：80 千克；轨道高度：564 千米×594 千米；倾角：97.7°
12	芬兰 18 星星座"冰眼"（ICEYE-X5）	发射日期：2019 年 7 月 5 日；分辨率：0.25 米；质量：80 千克；轨道高度：564 千米×590 千米；倾角：97.7°
13	芬兰 18 星星座"冰眼"（ICEYE-X6）	发射日期：2020 年 9 月 28 日；分辨率：0.25 米；质量：80 千克；轨道高度：549 千米×568 千米；倾角：97.7°
14	芬兰 18 星星座"冰眼"（ICEYE-X7）	发射日期：2020 年 9 月 28 日；分辨率：0.25 米；质量：80 千克；轨道高度：549 千米×567 千米；倾角：97.7°
15	芬兰 18 星星座"冰眼"（ICEYE-X8）	发射日期：2021 年 1 月 24 日；分辨率：0.25 米；质量：80 千克；轨道高度：515 千米×534 千米；倾角：97.5°
16	芬兰 18 星星座"冰眼"（ICEYE-X9）	发射日期：2021 年 1 月 24 日；分辨率：0.25 米；质量：80 千克；轨道高度：523 千米×536 千米；倾角：97.5°
17	芬兰 18 星星座"冰眼"（ICEYE-X10）	发射日期：2021 年 1 月 24 日；分辨率：0.25 米；质量：80 千克；轨道高度：517 千米×534 千米；倾角：97.5°
18	德国合成孔径雷达-放大镜（SAR-Lupe-1）	发射日期：2006 年 12 月 19 日；分辨率：0.7 米；质量：770 千克；轨道高度：468 千米×505 千米；倾角：98.2°；设计寿命：10 年
19	德国合成孔径雷达-放大镜（SAR-Lupe-2）	发射日期：2007 年 7 月 2 日；分辨率：0.7 米；质量：770 千克；轨道高度：470 千米×503 千米；倾角：98.2°；设计寿命：10 年

雷达成像卫星		
序号	卫星名称	主要参数
20	德国合成孔径雷达-放大镜（SAR-Lupe-3）	发射日期：2007年11月1日；分辨率：0.7米；质量：770千克；轨道高度：473千米×496千米；倾角：98.2°；设计寿命：10年
21	德国合成孔径雷达-放大镜（SAR-Lupe-4）	发射日期：2008年3月27日；分辨率：0.7米；质量：770千克；轨道高度：448千米×486千米；倾角：98.2°；设计寿命10年
22	德国合成孔径雷达-放大镜（SAR-Lupe-5）	发射日期：2008年7月22日；分辨率：0.7米；质量：770千克；轨道高度：474千米×502千米；倾角：98.2；设计寿命10年
23	意大利地中海盆地观测小卫星星座（COSMO SkyMed-1）	发射日期：2007年6月8日；分辨率：聚束模式下优于1米，扫描模式下宽幅30米、巨幅100米，条带模式下单极化3～15米、交叉极化15米；质量：1700千克；轨道高度：622千米×623千米；倾角：97.9°；设计寿命：5年
24	意大利地中海盆地观测小卫星星座（COSMO SkyMed-2）	发射日期：2007年12月9日；分辨率：聚束模式下优于1米，扫描模式下宽幅30米、巨幅100米，条带模式下单极化3～15米、交叉极化15米；质量：1700千克；轨道高度：622千米×623千米；倾角：97.9°；设计寿命：5年
25	意大利地中海盆地观测小卫星星座（COSMO SkyMed-3）	发射日期：2008年10月25日；分辨率：聚束模式下优于1米，扫描模式下宽幅30米、巨幅100米，条带模式下单极化3～15米、交叉极化15米；质量：1700千克；轨道高度：622千米×623千米；倾角：97.9°；设计寿命：5年
26	意大利地中海盆地观测小卫星星座（COSMO SkyMed-4）	发射日期：2010年11月6日；分辨率：聚束模式下优于1米，扫描模式下宽幅30米、巨幅100米，条带模式下单极化3～15米、交叉极化15米；质量：1700千克；轨道高度：622千米×623千米；倾角：97.9°；设计寿命：5年

	雷达成像卫星	
序号	卫星名称	主要参数
27	意大利第二代地中海盆地观测小卫星星座（CSG-1）	发射日期：2019 年 12 月 18 日；分辨率：0.8 米；质量：2205 千克；轨道高度：621 千米 ×622 千米；倾角：97.8°；设计寿命：5 年
28	德国 X 频段陆地合成孔径雷达（Terra SAR X-1）	发射日期：2007 年 6 月 15 日；分辨率：1 米；质量：1230 千克；轨道高度：507 千米 ×509 千米；倾角：97.4°；设计寿命：5 年
29	西班牙智慧（PAZ）	发射日期：2018 年 2 月 22 日；分辨率：0.5 米；质量：1450 千克；轨道高度：503 千米 ×518 千米；倾角：97.4°；设计寿命：7 年
	电子侦察卫星	
序号	通用名称	主要参数
30	法国电子情报卫星（ELISA-E12）	发射日期：2011 年 12 月 17 日；质量：125 千克；轨道高度：680.3 千米 ×686.8 千米；倾角：97.9°；设计寿命：3 年
31	法国电子情报卫星（ELISA-E24）	发射日期：2011 年 12 月 17 日；质量：125 千克；轨道高度：680.3 千米 ×686.8 千米；倾角：97.9°；设计寿命：3 年
32	法国电子情报卫星（ELISA-W11）	发射日期：2011 年 12 月 17 日；质量：125 千克；轨道高度：682 千米 ×685.1 千米；倾角：97.9°；设计寿命：3 年
33	法国电子情报卫星（ELISA-W23）	发射日期：2011 年 12 月 17 日；质量：125 千克；轨道高度：683.2 千米 ×684 千米；倾角：97.9°；设计寿命：3 年
34	法国空间电磁情报能力（CERES1）	发射日期：2021 年 11 月 16 日；质量：400千克；轨道高度：669 千米 ×672 千米；倾角：75°

电子侦察卫星		
序号	通用名称	主要参数
35	法国空间电磁情报能力（CERES2）	发射日期：2021年11月16日；质量：400千克；轨道高度：671千米×672千米；倾角：75°
36	法国空间电磁情报能力（CERES3）	发射日期：2021年11月16日；质量：400千克；轨道高度：670千米×673千米；倾角：75°

日本在轨卫星

光学成像卫星		
序号	卫星名称	主要参数
1	光学3（IGS-O3）	发射日期：2009年11月28日；分辨率：1米；质量：1600千克；轨道高度：484千米×492千米；倾角：97.3°；设计寿命：5年
2	光学4（IGS-O4）	发射日期：2011年9月23日；分辨率：0.6米；质量：1600千克；轨道高度：588千米×591千米；倾角：97.7°；设计寿命：5年
3	光学5试验星（IGS-O5）	发射日期：2013年1月27日；分辨率：0.4米；质量：1600千克；轨道高度：512千米×523千米；倾角：97.2°；设计寿命：5年
4	光学5（IGS-O5）	发射日期：2015年3月26日；分辨率：0.4米；质量：1600千克；轨道高度：511千米×515千米；倾角：97.2°；设计寿命：5年
5	光学6（IGS-O6）	发射日期：2018年2月27日；分辨率：0.3米；质量：1600千克；轨道高度：485千米×499千米；倾角：97.3°；设计寿命：5年
6	光学7（IGS-O7）	发射日期：2020年2月9日；分辨率：0.3米；质量：1600千克；轨道高度：588千米×591千米；倾角：97.7°；设计寿命：5年

续表

雷达成像卫星		
序号	卫星名称	主要参数
7	雷达 3（IGS-R3）	发射日期：2011 年 12 月 12 日；分辨率：1 米；质量：1600 千克；轨道高度：512 千米 ×514 千米；倾角：97.5°；设计寿命：5 年
8	雷达 4（IGS-R4）	发射日期：2013 年 1 月 27 日；分辨率：1 米；质量：1600 千克；轨道高度：509 千米 ×514 千米；倾角：97.5°；设计寿命：5 年
9	雷达预备星（IGS-R Spare）	发射日期：2015 年 2 月 1 日；分辨率：1 米；质量：1600 千克；轨道高度：510 千米 ×510 千米；倾角：97.5°；设计寿命：5 年
10	雷达 5（IGS-R5）	发射日期：2017 年 3 月 17 日；分辨率：1 米；质量：1600 千克；轨道高度：485 千米 ×499 千米；倾角：97.2°；设计寿命：5 年
11	雷达 6（IGS-R6）	发射日期：2018 年 6 月 12 日；分辨率：0.5 米；质量：1600 千克；轨道高度：500 千米 ×500 千米；倾角：97.3°；设计寿命：5 年

印度在轨卫星

光学成像卫星		
序号	卫星名称	主要参数
1	制图卫星 1（CartoSat-1）	发射日期：2005 年 5 月 5 日；分辨率：全色 2.5 米；质量：1560 千克；轨道高度：618 千米 × 619 千米；倾角：97.9°；设计寿命：6 年
2	制图卫星 2（CartoSat-2）	发射日期：2007 年 1 月 10 日；分辨率：全色 1 米；质量：680 千克；轨道高度：632 千米 × 635 千米；倾角：97°；设计寿命：5 年

光学成像卫星		
序号	卫星名称	主要参数
3	制图卫星 2A（CartoSat-2A）	发射日期：2008 年 4 月 28 日；分辨率：全色 0.7 ～ 1 米；质量：680 千克；轨道高度：624 千米 ×643 千米；倾角：97.9°；设计寿命：5 年
4	制图卫星 2B（CartoSat-2B）	发射日期：2010 年 7 月 12 日；分辨率：全色 0.8 米；质量：694 千克；轨道高度：622 千米 ×645 千米；倾角：97.9°；设计寿命：5 年
5	制图卫星 2C（CartoSat-2C）	发射日期：2016 年 6 月 22 日；分辨率：全色 0.65 米、多光谱 2 米；质量：727 千克；轨道高度：501 千米 ×519 千米；倾角：97.5°；设计寿命：5 年
6	制图卫星 2D（CartoSat-2D）	发射日期：2017 年 2 月 15 日；分辨率：全色 0.65 米、多光谱 2 米；质量：714 千克；轨道高度：491 千米 ×508 千米；倾角：97.5°；设计寿命：5 年
7	制图卫星 2E（CartoSat-2E）	发射日期：2017 年 6 月 23 日；分辨率：全色 0.65 米、多光谱 2 米；质量：712 千克；轨道高度：334 千米 ×347 千米；倾角：97.5°；设计寿命：5 年
8	制图卫星 2F（CartoSat-2F）	发射日期：2018 年 1 月 12 日；分辨率：全色 0.65 米、多光谱 2 米；质量：712 千克；轨道高度：495 千米 ×510 千米；倾角：96.9°；设计寿命：5 年
9	制图卫星 3（CartoSat-3）	发射日期：2019 年 11 月 27 日；分辨率：全色 0.25 米、多光谱 1.13 米、中波红外 5.5 米；质量：1625 千克；轨道高度：500 千米 ×519 千米；倾角：97.5°；设计寿命：5 年

	雷达成像卫星	
序号	卫星名称	主要参数
10	雷达成像卫星 2 号 （RISAT-2）	发射日期：2009 年 4 月 20 日；分辨率：1 米；质量：93 千克；轨道高度：415 千米 × 427 千米；倾角：41.2°
11	雷达成像卫星 1 号 （RISAT-1）	发射日期：2012 年 4 月 26 日；分辨率：2～50 米；质量：1858 千克；轨道高度：538 千米 × 541 千米；倾角：97.6°
12	雷达成像卫星 2 号 B （RISAT-2B）	发射日期：2019 年 5 月 21 日；分辨率：0.3 米；质量：615 千克；轨道高度：550 千米 × 557 千米；倾角：37°
13	雷达成像卫星 2 号 BR1 （RISAT-2BR1）	发射日期：2019 年 12 月 11 日；分辨率：0.3 米；质量：628 千克；轨道高度：563 千米 × 573 千米；倾角：37°；设计寿命：5 年
14	雷达成像卫星 2 号 BR2 （RISAT-2BR2）	发射日期：2020 年 11 月 7 日；分辨率：0.3 米；质量：630 千克；轨道高度：567 千米 × 577 千米；倾角：37°
	电子侦察卫星	
序号	卫星名称	主要参数
15	电磁情报收集卫星 （EMISAT）	发射日期：2019 年 4 月 1 日；质量：436 千克；轨道高度：735 千米 × 759 千米；倾角：98.3°

以色列在轨卫星

	光学成像卫星	
序号	卫星名称	主要参数
1	地平线 5 （Ofeq-5）	发射日期：2002 年 5 月 28 日；分辨率：0.5 米；质量：300 千克；轨道高度：367 千米 × 764 千米；倾角：143°；设计寿命：4 年

续表

光学成像卫星		
序号	卫星名称	主要参数
2	地平线 7 （Ofeq-7）	发射日期：2007 年 6 月 11 日；分辨率：0.5 米；质量：300 千克；轨道高度：340 千米 × 576 千米；倾角：142°；设计寿命：5 年
3	地平线 9 （Ofeq-9）	发射日期：2010 年 6 月 23 日；分辨率：0.5 米；质量：300 千克；轨道高度：343 千米 × 589 千米；倾角：142°；设计寿命 5 年
4	地平线 11 （Ofeq-11）	发射日期：2016 年 9 月 13 日；分辨率：0.5 米；质量：300 千克；轨道高度：386 千米 × 608 千米；倾角：142°；设计寿命：5 年
5	地平线 16 （Ofeq-16）	发射日期：2020 年 7 月 6 日；分辨率：0.5 米；质量：300 千克；轨道高度：352 千米 × 603 千米；倾角：141°

雷达成像卫星		
序号	卫星名称	主要参数
6	地平线 10 （Ofeq-10）	发射日期：2014 年 4 月 10 日；分辨率：0.5 米；质量：400 千克；轨道高度：385 千米 × 601 千米；倾角：141°；设计寿命：5 年

其他国家和地区在轨卫星

光学成像卫星		
序号	卫星名称	主要参数
1	阿尔及利亚卫星 （Alsat-1B）	发射日期：2016 年 9 月 26 日；分辨率：多光谱 32 米；质量：103 千克；轨道高度：661 千米 × 704 千米；倾角：98.2°；设计寿命：5 年
2	阿尔及利亚卫星 （Alsat-2A）	发射日期：2010 年 7 月 12 日；质量：130 千克；轨道高度：672 千米 × 674 千米；倾角：98.1°；设计寿命：5 年

光学成像卫星		
序号	卫星名称	主要参数
3	阿尔及利亚卫星（Alsat-2B）	发射日期：2016 年 9 月 26 日；质量：117 千克；轨道高度：661 千米 ×704 千米；倾角：98.1；设计寿命：5 年
4	巴基斯坦遥感卫星 1 号（PakTES-1A）	发射日期：2018 年 7 月 9 日；分辨率：全色 1 米、多光谱 4 米；质量：285 千克；轨道高度：594 千米 ×628 千米；倾角：98°；设计寿命：3 年
5	泰国皇家空军 −1（NAPA-1）	发射日期：2020 年 9 月 3 日；分辨率：5 ～ 39 米；质量：9 千克；轨道高度：531 千米 ×535 千米；倾角：97.5°
6	阿联酋鹰眼 −2（Falcon Eye-2）	发射日期：2020 年 12 月 2 日；分辨率：0.7 米；质量：1180 千克；轨道高度：597 千米 ×599 千米；倾角：97.5°；设计寿命：5 年
7	土耳其阿赛尔（ASELSAT）	发射日期：2021 年 1 月 24 日；质量：5 千克；轨道高度：522 千米 ×536 千米；倾角：97.5°
8	越南新型系统架构先进观测卫星（ASNARO-1）	发射日期：2014 年 11 月 6 日；分辨率：1 米；质量：500 千克；轨道高度：506 千米 ×507 千米；倾角：97.5°；设计寿命：3 年
9	越南新型系统架构先进观测卫星（ASNARO-2）	发射日期：2018 年 1 月 17 日；分辨率：1 米；质量：570 千克；轨道高度：493 千米 ×505 千米；倾角：97.4°；设计寿命：3 年
10	韩国阿里郎（Kompsat-2）	发射日期：2006 年 7 月 28 日；分辨率：1 米；质量：800 千克；轨道高度：676 千米 ×698 千米；倾角：98.2°；设计寿命：3 年
11	韩国阿里郎（Kompsat-3）	发射日期：2012 年 5 月 17 日；分辨率：0.7 米；质量：980 千克；轨道高度：679 千米 ×696 千米；倾角：98.2°；设计寿命：4 年
12	韩国阿里郎（Kompsat-3A）	发射日期：2015 年 3 月 25 日；分辨率：全色 0.4 米、多光谱 1.6 米；质量：980 千克；轨道高度：522 千米 ×540 千米；倾角：97.5°；设计寿命：4 年

雷达成像卫星		
序号	卫星名称	主要参数
13	加拿大雷达卫星星座任务三星星座（RCM）	发射日期：2019 年 6 月 12 日；分辨率：1 米；质量：1430 千克；轨道高度：584 千米 ×603 千米；倾角：97.7°；设计寿命：7 年
14	韩国阿里郎（Kompsat-5）	发射日期：2013 年 8 月 22 日；分辨率：1 米；质量：1400 千克；轨道高度：535 千米 ×552 千米；倾角：97.6°；设计寿命：5 年
15	南非秃鹰 E2（Condor E2）	发射日期：2014 年 12 月 19 日；轨道高度：499 千米 ×501 千米；倾角：74.7°
16	阿根廷微波观测卫星（SAOCOM-1A）	发射日期：2018 年 10 月 7 日；质量：1650 千克；轨道高度：626 千米 ×633 千米；倾角：98°；设计寿命：5 年
17	阿根廷微波观测卫星（SAOCOM-1B）	发射日期：2020 年 8 月 31 日；分辨率：7 ～ 100 米；质量：3050 千克；轨道高度：606 千米 ×612 千米；倾角：97.8°；设计寿命：5 年

附录二 专业术语释义

序号	术语	释义
1	人造地球卫星	简称人造卫星,是由人类建造的航天器的一种,也是数量最多的一种,由太空飞行载具(如运载火箭、航天飞机等)发射到太空中,像天然卫星一样环绕地球或其他行星运行
2	返回式侦察卫星	在轨道上完成任务后,有部分结构会返回地面的侦察卫星,其最基本的用途是照相侦察。比起航空照片,卫星照片的视野更广阔、效率更高。早期由于技术所限,必须利用底片才能拍摄高清晰度的照片,因此必须让卫星带回底片或用回收筒将底片送回地面进行冲洗和分析。现在由于可以从卫星上直接传送影像数据到地面,返回式侦察卫星的功能又演变为进行需要回收实验品的空间实验室
3	传输型详查卫星	与普查型侦察卫星相比,详查型侦察卫星的分辨率更高,能够较准确地获得目标信息。它的侦察设备往往比普查型侦察卫星更先进,轨道高度也比普查型侦察卫星低,但寿命有所降低。对地观测卫星分为返回型和传输型两种。传输型详查卫星现在应用的情况比过去有明显的发展,有很大一部分以军方应用为主要目标,当前在世界范围内正形成一个应用高潮
4	光学成像侦察卫星	是一种利用光学成像遥感器获取图像信息的侦察卫星,星载遥感器主要有可见光相机、红外相机、多光谱相机、超光谱相机等,可在单一谱段和多个谱段采用光电器件成像,具有图像直观、分辨率高等特点,主要用于情报搜集,搜集的情报种类可以包含军事与非军事的设施和活动
5	雷达成像侦察卫星	是对载有合成孔径雷达的对地观测遥感卫星的统称,能够全天时、全天候进行高分辨率成像侦察,与光学成像侦察互为补充。雷达成像侦察卫星不受大气传播和气候影响,并对某些地物具有一定的穿透能力

序号	术语	释义
6	电子侦察卫星	是一种用于侦察、截收敌方雷达、通信和武器遥测系统所发出的电磁信号并测定信号源位置的侦察卫星。卫星所载电子侦察设备由接收机、天线和终端设备组成,对侦收的电磁信号进行预处理后,发送到地面接收站,以分析电磁信号的各种参数,对信号源进行定位或破译,从中提取有价值的军事情报
7	海洋监视卫星	是一种用于海洋监视、海上作战、监视海上恐怖主义活动,也可用于民用海洋监视的侦察卫星。卫星上装载了电视摄像、雷达、无线电侦测机、红外探测器、高灵敏度红外相机等侦察设备,能够探测水面舰船与潜艇,能利用蓝-绿激光穿透云层和海水,探测到高速潜航的导弹核潜艇,用来判定舰艇的准确位置以及航向数据,为作战指挥提供海上目标的动态情报,为武器系统提供超视距目标指示
8	导弹预警卫星	是一种用于监视和发现敌方战略弹道导弹发射的预警侦察卫星。通常被发射到地球静止轨道上,由几颗卫星组成预警网。卫星上装有高敏感的红外探测器,可以探测导弹在飞出大气层后发动机尾焰的红外辐射,并配合使用电视摄像机跟踪导弹,及时准确判明导弹并发出警报。一旦敌方发射导弹,预警卫星就可以在几分钟内探测出来,并根据导弹飞行弹道计算出其落点和攻击目标,并把信息上传到指挥中心,提醒做好反击准备
9	运载火箭	属于航天运载工具的一种,是将有效载荷按照预定的速度和方向送入航天的火箭。运载火箭一般属于一次性使用运载系统,将有效载荷送入轨道,完成任务后,运载火箭便被抛弃。运载火箭是航天技术发展中重要的一部分,按照所用的推进剂划分,包括固体火箭、液体火箭和固液混合型火箭三种类型。按照级数划分,包括单级火箭和多级火箭两种类型;多级火箭又可分为串联型、并联型和串并联混合型三种。按照运力划分,可分为轻型运载火箭、中型运载火箭、重型运载火箭、超重型运载火箭

续表

序号	术语	释义
10	卫星姿态控制	获取并保持卫星在太空定向的一项技术。太空中的卫星在失重的环境下飞行，卫星都有自己的特定任务，对飞行姿态都有相应的要求。例如，通信卫星需要它的天线始终对准地面，对地观测卫星则要求它的观测仪器的窗口始终对准地面。卫星受各种干扰，在空间的姿态会偏离预先设计值，为了保持卫星的飞行姿态轴稳定，需要调整、改变姿态轴的方向
11	回收舱	航天任务中对航天器进行回收的装置，常用装置有降落伞、减速板等。基本要求是高可靠性、最小的重量和体积、对空间环境的适应性，以及具有再入加热的防护措施。卫星回收系统的关键是卫星降落伞，其研制技术是航空降落伞技术的延伸，但又不完全等同。卫星回收舱在轨道上返回，开伞高度高，速度快，回收承重量大，所经历的环境条件恶劣，工作程序和控制复杂，系统的重量和体积限制苛刻
12	恒星敏感器	简称星敏感器，是当前广泛应用的天体敏感器，是天文导航系统中一个很重要的组成部分。它以恒星作为姿态测量的参考源，可输出恒星在星敏感器坐标下的矢量方向，为航天器的姿控和天文导航提供高精度测量数据。恒星数量非常多，不像太阳、月球、地球，作为参考天体都只有一个，必须进行恒星识别，而且要接近于实时识别，只要能测到两颗以上的恒星数据即可，但为保证精度，常在一颗卫星上安装两个星敏感器
13	太阳敏感器	在航天领域应用最广泛的一类敏感器，所有的卫星上都配备有太阳敏感器。通过确定太阳矢量在星体坐标中的方位，获取航天器相对于太阳方位信息的光学姿态。选择太阳作为参考目标是因为对大多数应用而言，可以把太阳近似看作点光源。另外，太阳光源很强，从而使敏感器结构简单，其功率要求也很低。随着卫星对姿控精度要求的日益提高，以及小卫星、皮卫星等微小卫星的发展，太阳敏感器逐渐朝小型化、模块化、标准化、长寿命的方向发展

序号	术语	释义
14	地球敏感器	一种光学姿态敏感器,又称地平仪。分为地球反照敏感器和红外地球敏感器两类。前者在航天器控制系统中应用很少,后者应用广泛。红外地球敏感器是通过测量地球与天空的红外辐射的差别来获取航天器姿态信息的一种光学测量仪器。目前,单一种类的敏感器已不能满足卫星姿控系统高精度以及高稳定性的要求,实际应用中,大多采用多种敏感器的组合方式来提高姿控的精度和稳定性
15	测控弧段	亦称测控站观测弧段,即测控站能有效观测航天器的轨道弧段。对于确定的航天器飞行轨迹,地面固定站的观测弧段通常是确定的;对于移动的测控站(如测量船),在不同的测量点的观测弧段通常是不同的,目标距离越远,差异越小
16	升交点赤经	为卫星轨道的升交点与春分点之间的角距。升交点为卫星由南向北运行时与地球赤道面的交点;反之,轨道面与赤道面的另一个交点称为降交点。春分点为黄道面与赤道面在天球上的交点。参考平面不同时,升交点不同。选择合适的工作轨道的升交点赤经和倾角可以节省卫星寿命期间对推进剂的消耗
17	近地点	卫星绕地球运行的椭圆轨道上距离地心最近的一点。通常在近地点时,卫星运行的角速度最快
18	近地点幅角	轨道近地点与升交点之间对地心的张角。沿卫星运动方向从升交点量测到近地点,取值范围为 $0° \sim 360°$。近地点幅角决定了椭圆轨道在轨道平面内的方位。由于轨道摄动,近地点幅角值会发生变化,为了使近地点始终保持在预定的纬度上,需要进行轨道保持控制
19	积分级数	积分是微分的逆运算。在应用上,积分作用不仅如此,还被大量应用于求和,通俗地说就是求曲边三角形的面积,这种巧妙的求解方法是由积分的特殊性质决定的。级数是指将数列的项依次用加号连接起来的函数。典型的级数有正项级数、交错级数、幂级数、傅里叶级数等。积分级数作为基础知识和工具以极限为基本工具,分别从离散与连续两个方面结合起来研究分析对象

续表

序号	术语	释义
20	增益	一般指天线增益,是指在输入功率相等的条件下,实际天线与理想的辐射单元在空间同一点处所产生的信号的功率密度之比。它定量地描述一个天线把输入功率集中辐射的程度
21	辐射校正	消除图像数据中依附在辐射亮度中的各种失真的过程。处理站拿到接收站送来的原始数据,读入图像处理系统后,先进行数据分解,分别建立原始遥感图像数据文件和遥测辅助信息数据文件,然后根据从辐射传输方程推导出的遥感图像辐射误差校正模型,在图像处理系统软硬件的支持下,进行系统辐射校正
22	几何校正	在遥感成像过程中,受多种因素的综合影响,原始图像上地物的几何位置、形状、大小、尺寸、方位等特征与其对应的地面地物的特征往往是不一致的,这种不一致就是几何误差。几何校正是指消除或改正遥感影像几何误差的过程。遥感影像的变形误差大体可分为两类:静态误差和动态误差。静态误差是在成像过程中,传感器相对于地球表面呈静止状态时所具有的各种形变误差;动态误差主要是指在成像过程中由于地球旋转等造成的图像变形误差
23	载荷	有效载荷的简称,是指航天器上装载的为直接实现航天器在轨运行要完成的特定任务的仪器、设备、人员、试验生物及试件等。航天器有效载荷是航天器在轨发挥最终航天使命最重要的一个分系统。有效载荷是航天器的重要组成部分,这是因为对有效载荷选择和设计的最终功能与性能的品质将直接影响最终特定航天任务实现的品质。航天器平台装载了有效载荷,才成为完整的能完成特定空间任务的航天器
24	分辨率	又称解析度、解像度,可以细分为显示分辨率、图像分辨率、打印分辨率和扫描分辨率等,分辨率决定了图像细节的精细程度。通常情况下,图像的分辨率越高,所包含的像素就越多,图像就越清晰,图像的质量也就越好。同时,它也会增加文件占用的存储空间。由此衍生的全色分辨率概念,可以归结为两方面含义:一幅画面在空间排布中的全部像素都可以被观察者所见,即结构具有完整性;一幅画面在像素混色后的全部颜色都可以被观察者所见,即色彩具有完整性

序号	术语	释义
25	多光谱成像相机	一种能够同时获取光谱特征和空间图像信息的设备，是光电成像系统发展的重要方向。多光谱成像系统可提供具有3～20个非连续波段的图像。从成像原理来讲，多光谱成像技术就是把入射的全波段或宽波段的光信号分成若干个窄波段的光束，然后把它们分别成像在相应的探测器上，从而获得不同光谱波段的图像。实际使用时，要想更有效地提取目标特征并进行识别，探测系统需要有精细的光谱分辨能力，就要求把光谱分得更窄并采用多个波段，而完成这一任务的就是成像分光技术
26	红外热像仪	一种利用红外热成像技术，通过对标的物的红外辐射探测，并通过信号处理、光电转换等，将标的物的温度分布的图像转换成可视图像的设备
27	成像幅宽	可称为像幅宽度，即卫星扫描覆盖宽度。卫星的观测幅宽是指卫星能够稳定处理和遥感的地面所对应的宽度。瞬时幅宽是指能够进行观测的宽度，但是在某一时刻只能就其中的某一段进行观测。实际上，相同的观测夹角在不同的轨道高度上的观测幅宽是不同的。观测幅宽对于侦察卫星星座轨道高度的选择有着重要的影响
28	微纳卫星	通常指质量小于10千克、具有实际使用功能的卫星。微纳卫星体积小、重量轻、功耗低、开发周期短、性价比和功能密度高、隐蔽性好、机动灵活，可编队组网，以更低成本完成很多复杂的空间任务
29	太阳同步轨道	航天器轨道面转动角速度与地球公转角速度相同的轨道，即航天器轨道平面法线和太阳方向在赤道平面上的投影之间的夹角保持不变
30	载波频率	在信号传输的过程中，并不是将信号直接进行传输，而是将信号负载到一个固定频率的波上，这是一个固定频率，这个过程称为加载。严格地讲，就是把一个较低的信号频率调制到一个相对较高的频率上，这个被低频调制的较高频率就叫作载波频率，也称为基频

序号	术语	释义
31	脉冲宽度	简称脉宽，即高电平持续的时间，在不同的领域，脉冲宽度有不同的含义。在光学领域，脉冲光源的闪光持续时间是指1/3 峰值，光强所对应的时间间隔称为脉冲宽度
32	相位差	又称相角差、相差、周相差或位相差，指两个做周期变化的物理量的相之间的差值。相位差为正值时称前者超前于后者，为负值时称前者滞后于后者
33	条带模式	合成孔径雷达最常用的工作模式之一，能够进行连续的大面积成像，但受到天线增益等方面的限制，系统的方位向分辨率不能随着天线尺寸的减小而任意提高，其方位分辨率不会优于天线长度的一半
34	极化特性	电磁波的极化分为水平线极化、垂直线极化、左旋圆极化、右旋圆极化四种。无线电波的电场方向为水平、磁场方向为垂直时就是水平线极化，电场方向为垂直、磁场方向为水平时就是垂直线极化，无线电波的电场方向和磁场方向都逆时针转动时就是左旋圆极化，无线电波的电场方向和磁场方向都顺时针转动（从发射方向看过去）时就是右旋圆极化，无线电波的电场方向、磁场方向、运动（传播）方向永远是互相垂直的
35	姿态角	以卫星质心为坐标系原点，用来描述卫星相对自身运动位置的角度。卫星姿态角的确定是对卫星进行姿控的基础，测定卫星姿态角主要用以控制卫星姿态
36	机动变轨	指航天器从初始轨道（或停泊轨道）向目标轨道的转移。机动变轨技术是由卫星飞行任务决定的，一颗卫星为了实现不同的运行轨道，要求卫星改变已有的轨道运动参数，从而获得能够完成飞行任务的另一组轨道参数。这种机动变轨从广义上来讲分为几种类型：一条轨道转移到另一条轨道、飞行器之间的相互停靠、飞行器返回和着陆及经常性的轨道修正等。卫星的变轨是通过应用卫星驱动力完成的从一个轨道到另一个轨道的变化